信息技术人才培养系列规划教材

MySQL
数据库技术与应用

慕课版

学 IT 有疑问
就找千问千知!

◎ 千锋教育高教产品研发部 编著

人民邮电出版社

北 京

图书在版编目（CIP）数据

MySQL数据库技术与应用：慕课版 / 千锋教育高教
产品研发部编著. -- 北京：人民邮电出版社，2021.8（2024.6重印）
信息技术人才培养系列规划教材
ISBN 978-7-115-55568-7

Ⅰ．①M… Ⅱ．①千… Ⅲ．①SQL语言－程序设计－教
材 Ⅳ．①TP311.132.3

中国版本图书馆CIP数据核字(2020)第248948号

内 容 提 要

本书作为 MySQL 数据库教程，不仅介绍了 MySQL 开发中的函数与事务，而且涉及 MySQL 在企
业中的主流架构方式和数据灾备方案。全书共分 13 章，内容包括数据库概述、环境的安装与基本配置、
MySQL 数据操作、数据库单表查询、数据的完整性、数据库多表查询、权限与账户管理、存储过程与
触发器、数据库事务和锁机制、MySQL 数据备份、日志管理、主从复制、MySQL 读写分离。全书以
案例引导，每个案例围绕相关知识点讲解技术，有助于读者在理解知识点的基础上更好地运用该技术，
达到学以致用的目的。

本书可以作为高等院校计算机相关专业的教材及教学参考书，还可作为 MySQL 开发人员的自学
用书。

◆ 编　著　千锋教育高教产品研发部
　　责任编辑　李　召
　　责任印制　王　郁　马振武

◆ 人民邮电出版社出版发行　　北京市丰台区成寿寺路 11 号
　　邮编　100164　　电子邮件　315@ptpress.com.cn
　　网址　https://www.ptpress.com.cn
　　固安县铭成印刷有限公司印刷

◆ 开本：787×1092　1/16
　　印张：13.75　　　　　　　　2021 年 8 月第 1 版
　　字数：361 千字　　　　　　　2024 年 6 月河北第 5 次印刷

定价：49.80 元

读者服务热线：(010)81055256　印装质量热线：(010)81055316
反盗版热线：(010)81055315
广告经营许可证：京东市监广登字 20170147 号

编　委　会

当今世界是知识爆炸的世界，科学技术与信息技术快速发展，新型技术层出不穷，教科书也要紧随时代的发展，纳入新知识、新内容。目前很多教科书注重算法讲解，但是如果在初学者还不会编写一行代码的情况下，教科书就开始讲解算法，会打击初学者学习的积极性，让其难以入门。

IT 行业需要的不是只有理论知识的人才，而是技术过硬、综合能力强的实用型人才。高校毕业生求职面临的第一道门槛就是技能与经验。学校往往注重学生理论知识的学习，忽略了对学生实践能力的培养，导致学生无法将理论知识应用到实际工作中。

为了杜绝这一现象，本书倡导快乐学习、实战就业，在语言描述上力求准确、通俗易懂，在章节编排上循序渐进，在语法阐述中尽量避免术语和公式，从项目开发的实际需求入手，将理论知识与实际应用相结合，目标就是让初学者能够快速成长为初级程序员，积累一定的项目开发经验，从而在职场中拥有一个高起点。

千锋教育

本书特点

在当前的教育体系下，实例教学是计算机语言教学最有效的方法之一。本书将 MySQL 的理论知识和实用案例有机结合起来：一方面，跟踪 MySQL 的发展，适应市场需求，精心选择内容，突出重点、强调实用，使知识讲解全面、系统；另一方面，将知识点融入案例，每个案例都有相关的知识点讲解，部分知识点还有用法示例，既有利于学生学习知识，又有利于教师指导实践。

通过本书你将学习到以下内容。

第 1 章：初步讲解了数据库相关的知识，使读者了解数据库的作用以及一些常识。

第 2 章：讲解了初始环境的配置以及 MySQL 的部署方式，让读者能够学会自行部署 MySQL。

第 3 章：讲解了 SQL 语句与 MySQL 的基础管理方式，从增、删、改 3 个方面进行了全方位讲解。

第 4 章：重点讲解了 MySQL 的查询方式，包括条件查询、排序查询、分组查询等，使读者学会在不同的场合进行数据查询。

第 5 章：讲解了数据的完整性与索引，使读者充分了解数据的存储方式。

第 6 章：讲解了多表关系与多表查询的具体方式，即数据库高级查询方式。

第 7 章：讲解了数据库的权限与账户管理，使读者掌握数据库的安全管理策略。

第 8 章：讲解了数据的存储过程与触发器的应用，使读者从数据库的深度原理上掌握其应用方式。

第 9 章：讲解了数据库的事务机制与锁机制，让读者进入对 MySQL 更深一步的学习。

第 10 章：讲解了数据的物理备份与逻辑备份方式，该方式是企业中必备的技术。

第 11 章：讲解了数据库日志的分类以及通过日志恢复数据的方式，该方式可确保在数据丢失的情况下也能够找回数据。

第 12 章：讲解了数据库之间的主从复制技术，该技术能够时刻对数据进行备份，有效防止数据丢失。

第 13 章：讲解了数据库的读写分离技术，该技术将不同的请求交由不同的数据库处理，极大地提高了数据库可用性。

针对高校教师的服务

千锋教育基于多年的教育培训经验，精心设计了"教材+授课资源+考试系统+测试题+辅助案例"教学资源包。教师使用教学资源包可节约备课时间，缓解教学压力，显著提高教学质量。

本书配有千锋教育优秀讲师录制的教学视频，按知识结构体系已部署到教学辅助平台"扣丁学堂"，可以作为教学资源使用，也可以作为备课参考资料。本书配套教学视频可登录"扣丁学堂"官方网站下载。

高校教师如需配套教学资源包，也可扫描下方二维码，关注"扣丁学堂"师资服务微信公众号获取。

扣丁学堂

针对高校学生的服务

学 IT 有疑问，就找"千问千知"，这是一个有问必答的 IT 社区。平台上的专业答疑辅导老师承诺在工作时间 3 小时内答复您学习 IT 时遇到的专业问题。读者也可以通过扫描下方的二维码，关注"千问千知"微信公众号，浏览其他学习者在学习中分享的问题和收获。

学习太枯燥，想了解其他学校的伙伴都是怎样学习的？你可以加入"扣丁俱乐部"。"扣丁俱乐部"是千锋教育联合各大校园发起的公益计划，专门面向对 IT 有兴趣的大学生，提供免费的学习资源和问答服务，已有超过 30 万名学习者获益。

千问千知

资源获取方式

本书配套资源的获取方法：读者可登录人邮教育社区 www.ryjiaoyu.com 进行下载。

致谢

本书由千锋教育云计算教学团队整合多年积累的教学实战案例，通过反复修改最终撰写完成。多名院校老师参与了教材的部分编写与指导工作。除此之外，千锋教育的 500 多名学员参与了教材的试读工作，他们站在初学者的角度对教材提出了许多宝贵的修改意见，在此一并表示衷心的感谢。

意见反馈

虽然我们在本书的编写过程中力求完美，但书中难免有不足之处，欢迎读者给予宝贵意见。

千锋教育高教产品研发部
2021 年 8 月于北京

目 录 CONTENTS

1

第 1 章　数据库概述

本章学习目标

- 了解与数据库相关的基本概念
- 掌握常见的数据库类型及各自的特点
- 理解 MySQL 的工作原理

数据库就像人类的大脑，可以实现信息数据的存放、提取及查询功能，具有存储量大、结构完整、高效稳定的特点。通过本章的学习，读者可以深入了解 MySQL 的特点，认识数据库系统平台的开发及运行的特性。

1.1　数据库系统

1.1.1　数据与信息

数据（Data）是观察事物的结果，是对事物的性质、状态及相互关系进行的物理组合。数据不仅可以是狭义上的数字，而且可以是具有一定意义的文本、数字符号等。图形、图像、视频、音频，也是对客观事物的属性、数量、位置及其相互关系的抽象表示，也属于数据。例如，"0,1,2,…""阴、气温下降""学生的档案记录""货物的运输情况"等都是数据。

在计算机科学中，数据是所有能输入计算机并被计算机程序处理的数字、字母、符号和模拟量等的总称。现代计算机存储和处理的对象十分广泛，表示这些对象的数据也随之变得越来越复杂。

信息与数据既有联系又有区别。数据是信息的表现形式和载体，而信息是数据的内涵。信息加载于数据之上，对数据有解释的作用。数据和信息是不可分离的，信息依赖数据来表达，数据则生动具体地表达出信息。数据是符号，是物理性的；信息是对数据进行加工处理的结果，会对决策产生影响，是逻辑性和观念性的。

1.1.2　数据存储单元——服务器

人们在购物网站挑选商品，用手机预约酒店和查看当地天气，在家预约挂号，数据中心有数以万计的服务器将信息汇总，通过电子设备呈现到用户面前，这些服务器构成庞大的数据库系统，将资源整合连接。数据库系统（Database System）是由数据库及其管理软件组成的系统。用户可将数据库视为电子化的书柜（存储电子书籍的地方），可以对书柜中的数据进行增加、删除、修改、查找等操作。图 1.1 所示为机架式服务器。

服务器是数据中心的基本单元，每台服务器都有独立的 CPU 和内存用来接收上传和下载请求，衡量服务器大小的单位是 U，常见的尺寸有 1U、2U 和 4U。1U 表示服务器的高度约为 4.445cm，服务器越高能装的硬盘就越多。机柜的高度一般为 42U，可以并排放下 16 台 1U 的服务器。除此之外，机柜剩下的空间要留给供电单元和网络接收单元。每 $100m^2$ 大约可以放下 20 台机柜。以百度云计算（阳泉）中心为例，一期的总建筑面积达 $120000m^2$，数据存储规模、计算能力和环保节能三方面都处于亚洲一流水平。百度云计算（阳泉）中心数据存储量超过 4000PB，机房满载可提供约 6000 个 40A 机柜、承载超过 16 万台服务器，可存储的信息量相当于 20 多万个国家图书馆的藏书总量。图 1.2 所示为服务器与机柜。

图 1.1　机架式服务器

图 1.2　服务器与机柜

1.1.3　数据库系统的构成

庞大的数据库系统不仅提供了数据存储能力，而且为数据的运算提供了有力的支持，使人们的上网体验得到了提升。数据库系统主要由存储单元、硬件、软件和人员这四部分构成，如图 1.3 所示。

1. 存储单元

数据库中的数据按一定的数学模型组织、描述和存储，具有极小的冗余、较高的数据独立性和易扩展性，并可为各种用户共享。

2. 硬件

数据库系统的硬件组成包括构成计算机系统的各种物理设备，像 CPU、内存和磁盘这些必要的硬件设施，当然，空调、应急电源、传感器等也都包括在系统之内。硬件的配置应满足整个数据库系统的需求。

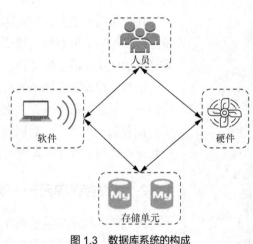

图 1.3　数据库系统的构成

3. 软件

数据库系统的软件包括操作系统、数据库管理系统及应用程序。数据库管理系统（Database

Management System，DBMS）是数据库系统的核心软件，在操作系统的支持下工作，科学地组织和存储数据，高效获取和维护数据。其主要功能包括数据定义、数据操纵、数据库的运行管理和数据库的建立与维护。

4. 人员

数据库系统的正常运行离不开人员的维护和优化，数据库系统只有在专业人员的手中才能发挥其出色的性能。根据不同的数据库岗位职责，人员可划分为三类，如表 1.1 所示。

表 1.1　　　　　　　　　　　　　　　　　数据库系统人员分类

人员分类	主要职责
系统分析员和数据库设计人员	负责应用系统的需求分析和规范说明，确定系统的硬件配置，并参与数据库系统的概要设计
应用程序员	负责编写使用数据库的应用程序，这些应用程序可对数据进行检索、建立、删除或修改
数据库管理员	负责数据库的总体信息控制，管理数据库中的信息内容和结构，决定数据库的存储结构和存取策略，定义数据库的安全性要求和完整性约束条件，监控数据库的使用和运行，负责数据库的性能改进、数据库的重组和重构，以提高系统的性能

1.1.4　数据库系统的特点

数据库系统的结构化使数据管理更加方便，同时数据库系统丰富的接口可以与外界应用进行数据沟通与交换。数据库系统的特点如下。

1. 实现数据共享

数据共享是指所有用户可以同时存储和读取数据库中的数据，也是指用户可以使用各种方式通过接口来调用数据库。

2. 减少系统和数据的冗余

和文件系统相比，数据库系统实现了数据共享，从而避免了由用户各自建立应用文件造成的大量数据重复和系统冗余，保持了数据的一致性，性能更加稳定。

3. 数据实现集中控制

相对于文件系统中数据处于分散状态，同一用户或不同用户在处理数据过程中，文件之间无关系的管理方式，数据库系统可对数据进行集中控制和管理，并通过数据模型来表示各种数据和组织之间的联系。

4. 保持数据的安全、完整合并发

数据库系统可以实现安全性控制（防止数据丢失、错误更新和越权使用）、完整性控制（保证数据的正确性、有效性和相容性）、并发控制（既能在同一时间周期内允许对数据实现多路存取，又能防止用户之间的不正常交互）。

5. 故障恢复

数据库管理系统可以实现数据的监控和定期备份，可及时发现故障和修复故障，从而防止数据被破坏。即使在数据丢失的情况下，也可以将备份的数据恢复到相邻的备份节点，减少经济损失。

1.2 数据库类型

1.2.1 数据模型

数据模型是科学研究的一种重要方法，模型可以形象直观地反映出事物的结构与特点，方便理解与记忆。将客观事物抽象为数据模型，是一个逐步抽象转化的过程。计算机领域常见的数据模型有以下四种。

1. 层次模型

数据库层次模型就像一棵树，主干上有着不同的分支，描述一对多的层次关系非常自然直观，容易理解。这种模型为数据库系统提供了良好的完整性支持，如图 1.4 所示。

层次模型的主要缺点：对于非层次关系，如多对多关系、一个节点具有多个父节点等，使用层次模型表示容易出现关系混乱；对插入和删除操作的限制比较多；查询子节点必须经过父节点，容易造成查询时间延长从而影响性能。

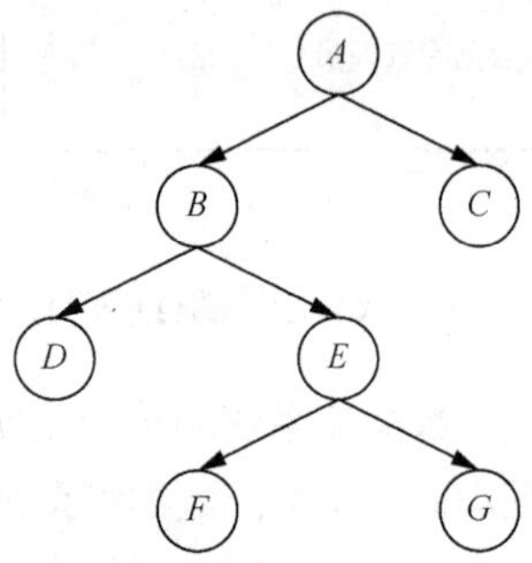

图 1.4　层次模型

2. 网状模型

在实际开发中，事物之间的联系更多的是非层次关系，用层次模型表示很不直接，网状模型则可以解决这一弊端。网状模型就像是一张蜘蛛网，各个节点相互连接。在数据库中，满足以下两个条件的数据模型称为网状模型。

（1）允许一个以上的节点无父节点；

（2）一个节点可以有多于一个的父节点。

从以上定义可以看出，网状模型具有比层次模型更复杂的网状结构，如图 1.5 所示。

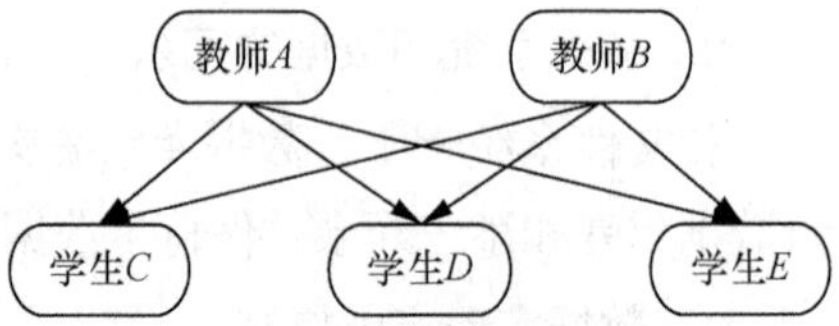

图 1.5　网状模型

3. 关系型模型

虽然网状模型和层次模型已经可以很好地解决数据的集中和共享问题，但它们在数据独立和抽象级别上仍有很大欠缺。关系型模型可以解决它们在数据存取时仍然需要明确数据的存储结构、指出存取路径等问题。在关系型数据库中，对数据的操作几乎全部建立在一个或多个关系表格上，通过表格分类、合并、连接或选取等运算来实现数据的管理。本书所讲的 MySQL 就采用了关系型模型的结构。关系型模型如表 1.2 所示。

表 1.2　　　　　　　　　　　　　　　关系型模型

姓名	班级	学号	成绩
赵三	2019-云计算	20190120	85
王四	2018-Java	20180256	92
李五	2019-大数据	20190377	88
胡六	2017-安全	20170601	96

4. 面向对象模型

面向对象模型是一种新兴的数据模型，它以对象为单位，每个对象包含对象的属性和方法，具有类和继承等特点。与传统的数据库（如层次数据库、网状数据库或关系型数据库）不同，面向对象数据库适合存储不同类型的数据，如图像、音频、视频、文本、数字等。面向对象模型具有强大的语义表达能力，能够精确地描述数据、数据之间的联系和完整性约束条件，这使得面向对象模型在数据库和数据集成中的应用越来越广泛。面向对象模型如图 1.6 所示。

图 1.6　面向对象模型

1.2.2　关系型数据库

关系型数据库是指采用关系型模型来组织数据的数据库。关系型数据库采用了关系对应的表现形式，以行和列的形式存储数据，就像是一组二维表格，便于用户理解。每一列代表着不同的选项，每一行代表着不同的数据。行与列组成的区域被称为表，一组表组成了数据库。用户可以通过 SQL语句或者索引等方式来查询、检索数据库中的数据。

1. 关系型数据库特点

关系型数据库的特点体现在以下几个方面。

（1）存储结构

关系型数据库按照结构化的方法存储数据，每个数据表的行列都必须对应相应的字段（也就是先定义好表的结构），再根据表的结构存入数据。因为数据的形式和内容在存入之前就已经定义好了，所以整个数据表的可靠性和稳定性都比较高。事先定义表结构也带来了相应的问题，就是一旦存入数据，再要修改数据表的结构就会十分困难。

（2）扩展方式

由于关系型数据库将数据存储在数据表中，因此数据操作的瓶颈就出现在多张数据表的操作中，而且数据表越多问题越严重。要缓解这个问题，只能提高处理能力，也就是选择速度更快、性能更高的计算机，但拓展空间显然非常有限，也就是说，关系型数据库只具备纵向扩展能力。

（3）查询方式

关系型数据库采用结构化查询语言（Structured Query Language，SQL）来对数据库进行查询。SQL 早已获得了各个数据库厂商的支持，成为数据库行业标准，它支持数据的增加、查询、更新、删除操作，具有非常强大的功能。SQL 可以采用类似索引的方法来加快查询操作。

（4）事务性

关系型数据库强调 ACID 规则：原子性（Atomicity）、一致性（Consistency）、隔离性（Isolation）、

持久性（Durability）。它可以满足对事务性要求较高或者需要进行复杂数据查询的任务需求，而且可以充分满足数据库操作的高性能和操作稳定性的要求。关系型数据库强调数据的强一致性，可以控制事务原子性细粒度，并且一旦操作有误或者有需要，可以回滚事务。

（5）读写性能

关系型数据库十分强调数据的一致性，并为此降低读写性能，付出了巨大的代价。虽然关系型数据库存储数据和处理数据的可靠性很不错，但一旦面对海量数据的处理，效率就会变得很低，特别是遇到高并发读写的时候，性能会下降得非常厉害。

关系型数据库诞生已有 40 多年了，从理论产生到实现产品，一直有很多厂商在开发自己的关系型数据库。

2. 关系型数据库产品

（1）Oracle 数据库

1979 年，Oracle（甲骨文）公司引入了第一个商用 SQL 关系数据库管理系统。Oracle 公司是最早开发关系型数据库的厂商之一，其产品支持最广泛的操作系统平台。目前 Oracle 关系型数据库产品占有很大市场比例。甲骨文公司商标如图 1.7 所示。

Oracle 数据库主要应用在传统大企业、政府机构、金融机构、证券机构等。

（2）SQL Server 数据库

Microsoft SQL Server 是微软公司开发的大型关系型数据库系统。SQL Server 可以与 Windows 操作系统紧密集成，不论是应用程序开发速度还是系统事务处理运行速度，都能得到较大的提升。对于在 Windows 平台上开发的各种企业级信息管理系统来说，不论是 C/S（客户机/服务器）架构还是 B/S（浏览器/服务器）架构，SQL Server 都是一个很好的选择。SQL Server 的缺点是只能在 Windows 系统下运行。SQL Server 图标如图 1.8 所示。

SQL Server 数据库主要应用在部分电商和使用 Windows 服务器平台的企业。

（3）Access 数据库

Access 是入门级小型桌面数据库，性能和安全性都很一般，可供个人管理或小型网站使用。Access 不是数据库语言，只是一个数据库程序。Access 数据库图标如图 1.9 所示。

Access 数据库早期应用于小型程序系统 ASP + Access、系统留言板、校友录等。

图 1.7　甲骨文公司商标

图 1.8　SQL Server 图标

图 1.9　Access 数据库图标

1.2.3　非关系型数据库

非关系型数据库也被称为 NOSQL（Not Only SQL）数据库。它的产生并不是要彻底否定关系型数据库，而是作为传统数据库的一个有效补充。非关系型数据库的数据存储不需要固定的表结构，一般情况下也不存在对数据的连续操作。相对于关系型数据库，非关系型数据库在大数据存取上具备无法比拟的性能优势。

常见的非关系型数据库产品有以下 3 种。

1. Memcached

Memcached 是一个开源的、高性能的、具有分布式内存对象的缓存系统。通过它可以减轻数据库负载，加速动态的 Web 应用。Memcached 的最初版本由 LiveJounal 的布拉德·菲茨帕特里克（Brad Fitzpatrick）在 2003 年开发完成。目前全球有非常多的用户在使用它来构建自己的大负载网站或提高自己的高访问网站的响应速度。Memcached 图标如图 1.10 所示。

图 1.10　Memcached 图标

2. Redis

Redis 与 Memcached 类似，也是一个高性能的键值（Key-Value）存储数据库系统。为了保证效率，Redis 的数据都缓存在内存中。与 Memcached 的区别是，Redis 会周期性地把更新的数据写入磁盘或者把修改操作写入追加的记录文件，并且在此基础上实现了主从（Master-Slave）同步。Redis 的出现，很大程度上补偿了 Memcached 这类键值存储的不足，在部分场合可以对关系型数据库起到很好的补充作用。它提供了 Python、Ruby、Erlang、PHP 客户端，使用很方便，支持主从集群与分布式，支持队列等特殊功能。Redis 图标如图 1.11 所示。

图 1.11　Redis 图标

3. mongoDB

mongoDB 是介于关系型数据库和非关系型数据库之间的产品，也是非关系型数据库中功能最丰富的一种产品，支持存储比较复杂的数据类型。mongoDB 最大的特点是支持强大的数据查询语言，其语法有点类似于面向对象的查询语言，几乎可以实现类似关系型数据库单表查询的绝大部分功能。mongoDB 同时支持对数据建立索引和 Python、Java、C++、PHP 等多种计算机语言，mongoDB 图标如图 1.12 所示。

图 1.12　mongoDB 商标

1.3　关系型数据库 MySQL

1.3.1　为什么使用 MySQL

MySQL 属于中小型关系型数据库管理系统，目前被广泛地应用到互联网上的大、中、小型网站中，相比于其他数据库产品，其特点如下。

（1）与 Oracle 相比，MySQL 由于体积小、安装成本低、易于维护、速度快、总体拥有成本低、开放源码且无版权制约，成为商业数据库的首选。

（2）可以使用 SQL 访问与管理 MySQL 数据库。

（3）MySQL 历史悠久，社区及用户非常活跃，遇到问题可以寻求帮助。

（4）品牌口碑效应使得企业无须考虑就直接使用 LAMP、LNMP 流行架构。

（5）MySQL 同时提供多种应用程序编程接口（Application Programming Interface，API），支持多种操作系统，并支持多种开发语言，特别对流行的 PHP 语言有很好的支持。

1.3.2　MySQL 的发展简史

1. 初次见面

迈克尔·维德纽斯（Michael "Monty" Widenius）于 1962 年出生于芬兰赫尔辛基，是开源 MySQL 的创始人和 MySQL 第一行代码的作者，独自完成了初期 MySQL 服务器端 95%的代码撰写。Monty 有一个女儿，名叫 My，因此他将自己开发的数据库命名为 MySQL。Monty 还有一个儿子，名为 Max，在 2003 年 SAP 公司与 MySQL 公司建立合作伙伴关系后，Monty 又将与 SAP 合作开发的数据库命名为 MaxDB。而现在的 MariaDB 中的 Maria 是 Monty 小孙女的名字。MySQL 的海豚标志是通过用户命名竞赛选出的。

2. 蓬勃发展

随着业务的发展，MySQL 的版本也在不断地更新，为了满足客户的需求加入了许多新的功能。

1995 年 5 月 23 日，MySQL 的第一个内部版本发行了，次年，MySQL 官方正式发行版（MySQL 3.11.1）对外公布。

1998 年 MySQL 3.22 发布，此版本仍然不支持事务操作、子查询、外键、存储过程和视图等功能。

1999 年的冬天，独立商业公司 MySQL AB 在瑞典的中部城市乌普萨拉（Uppsala）成立，并于同年发布了包含事务型存储引擎 BDB 的 MySQL 3.23。

2003 年 MySQL 4.1 推出，第一次支持子查询，支持 unicode 和预编译 SQL 等功能。为了适应日益苛刻的市场需求，不久后，公司又开发出了 MySQL 5.0。这个新版本包含有史以来 MySQL 最大的变化，添加了存储过程、服务端游标、触发器、查询优化及分布式事务等。

2008 年 2 月，Sun Microsystems 公司动用 10 亿美元收购了 MySQL，造就了开源软件的收购最高价。MySQL 被收购之后，MySQL 图标停止使用，取而代之的是 Sun/MySQL 图标。公司合并后推出了 MySQL 5.1 GA（GA 即 General Availability，可以用于生产环境的版本，经过了 bug 的修复与测试）和 MySQL 5.4 Beta。

2009 年，Oracle 公司以 74 亿美元的价格，将 Sun Microsystems 和 MySQL 通盘收购于旗下。至此，数据库之间的商业竞争以 Oracle 公司的胜利宣告结束。

2018 年，MySQL 8.0 问世，据官方介绍，MySQL 8.0 的速度比 MySQL 5.7 快两倍。

1.3.3　MySQL 的版本分类与发展

目前 MySQL 官方网站上有四个版本，分别是 GA 版、DMR 版、RC 版和 Beta 版。一般情况下，生产环境或者测试环境要选择 GA 版。针对不同的用户群体与需求，现在的 MySQL 主要有社区版服务器和企业版服务器，两者的特点如下。

MySQL Community Server（社区版服务器）：完全开源免费，应用较为广泛，支持 GPL 协议。MySQL 流行后，随着时代对数据处理要求的不断提高，其版本也在不断更新。其缺点是官方不提供技术支持，只能靠社区维护。社区版服务器主要用于个人网站和小型企业。

MySQL Enterprise Server（企业版服务器）：主要供大、中型企业使用，官方提供保障以及补丁服务，并收取相关的费用，但可以免费试用 30 天。

目前企业中主要使用的 MySQL 版本如表 1.3 所示。

表 1.3　　　　　　　　　　　　　　　企业中主要使用的 MySQL 版本

版本号	版本更新内容
MySQL 5.5	2010 年正式版发布，Oracle 公司完成了大量改进，并将 InnoDB 改成默认引擎
MySQL 5.6 GA	2013 年发布，更新了 InnoDB 引擎、分区、条件处理、数据类型改变、主机缓存、OpenGIS 等，安全增强，优化增强
MySQL 5.7 GA	2015 年横空出世，其性能有了质的改变
MySQL 8.0	2018 年发布，官方表示 MySQL 8.0 比 MySQL 5.7 快两倍，还带来了大量的改进

MySQL 8.0 关键的改进包括 OpenSSL 安全性、新的默认身份验证、SQL 角色、分解超级特权、密码强度等，同时增加了资源组功能，通过将用户线程映射到 CPU，为用户提供一个选项，以针对特定硬件上的特定工作负载进行优化。MySQL 8.0 还加入了开发者功能，使开发人员可以更好地调试与运行。数据类型也得到了改进，在 BINARY 数据类型上进行了按位操作，并且改进了 IPv6 和 UUID 功能。

MySQL 使用由 3 个数字和 1 个可选的后缀组成的版本名称，如 mysql-5.7.1 m1。

第一个数字（5）是主版本号。

第二个数字（7）是次版本号，主版本和次版本一起构成版本系列号，描述的是一套稳定的功能。

第三个数字（1）是修订号，随每个新 bug 被修复而递增。大多数情况下，系列中最新版本是最佳选择。

版本名称还可以包含后缀以指示版本的稳定性级别，有以下 3 种情况。

（1）mN（m1,m2,m3…）表示里程碑编号。MySQL 开发使用里程碑模型，其中每个里程碑都引入了一小部分经过全面测试的功能。从一个里程碑到下一个里程碑，根据试用早期版本的社区成员提供的反馈，功能界面可能会发生变化，甚至可能会删除功能。里程碑版本中的功能可被视为具有预生产质量。

（2）RC 表示候选发布。通过 MySQL 的所有内部测试后，候选发布版本被认为是稳定的。RC 版本可能仍会引入新功能，但重点转移到修复错误以稳定早期功能。

（3）GA 表示一般可用性或生产版本。GA 版本是稳定的，已成功通过早期阶段，并且被认为是可靠的，没有严重的错误，适用于生产环境。

MySQL 的开发始于里程碑版本，随后是 RC 版本，最后达到 GA 版本。

1.3.4　企业中如何选择 MySQL 版本

在生产环境下，数据库是非常重要的，因此在部署 MySQL 的时候一定要慎重选择，需要从以下方面考虑。

1. 从更新角度，追求稳定

目前互联网企业中常用的 MySQL 版本为 MySQL 5.5 和 MySQL 5.6，建议选择发布前后几个月没有较大漏洞修复的版本，避开大量修复的版本。对企业中核心的应用应部署稳定版本的数据库，切勿追求新颖体验而去升级更换。

2. 从企业实际情况角度，追求合适

作为一名合格的运维人员，在部署时还需要考虑到开发人员在开发程序时使用的版本是否与程序兼容的问题，应事先与开发人员沟通。搭建新版本的数据库时，应先测试运行几个月。

1.4　本章小结

本章主要讲解了数据库的概念与分类、关系型数据库与非关系型数据库的区别，介绍了关系型数据库 MySQL 的发展历史和其常用的版本。MySQL 是一个跨平台的开源数据库，在现在企业中流行的 LAMP、LNMP 架构中扮演着重要的角色，因其体积小、速度快、拥有成本低、源码开放，被广泛应用在 Internet 上的中、小型网站中。

1.5　习题

1. 填空题

（1）MySQL 现在属于_____旗下的产品。

（2）服务器大小的基本单位是_____，常见的有_____、_____、_____。

（3）MySQL 具有_____ 特点。

（4）常见的非关系型数据库有_____。

（5）MySQL 主要应用在_____。

2. 选择题

（1）下列数据库产品不是关系型数据库的是（　　　）。

A. Redis　　　　　　B. MySQL　　　　　　C. Oracle　　　　　　D. SQL Server

（2）下列关于 MySQL 特点说法错误的是（　　　）。

A. MySQL 是开源的软件　　　　　　B. MySQL 不支持事务

C. MySQL 可以实现数据回滚　　　　　　D. MySQL 有安全机制

（3）MySQL 支持的协议是（　　　）。

A. GPL　　　　　　B. TCP/IP　　　　　　C. HTTP　　　　　　D. SMTP

（4）标准的 1U 服务器高度约为（　　　）cm。

A. 4.5　　　　　　B. 4.1　　　　　　C. 5.0　　　　　　D. 3.5

（5）服务器存储信息主要是存储在（　　　）中。

A. CPU　　　　　　B. 磁盘　　　　　　C. 内存　　　　　　D. 以上都不是

3. 简答题

（1）常见的关系型数据库有哪些？主要应用在什么地方？

（2）关系型数据库和非关系型数据各自有什么特点？两者有什么区别？

（3）公司现需要做系统升级，要购买一批服务器，作为一名系统工程师，在购买服务器时应该注意哪些参数？

第 2 章　环境的安装与基本配置

本章学习目标

- 熟练掌握 Linux 操作系统环境下 MySQL 的安装与基本配置方法
- 掌握 VMware Workstation 中搭建虚拟化环境的方法
- 了解 MySQL 的配置参数
- 熟悉 MySQL 安装过程中的报错和相应解决方法

Linux 操作系统是一套开源的计算机操作系统，因其支持多用户、多任务、多线程和多 CPU 的特点而成为商业服务器操作系统的首选。通过本章的学习，读者可以在虚拟 Linux 操作系统下安装 MySQL 和进行简单的配置。

2.1　虚拟化平台

2.1.1　系统虚拟化

在全球服务器市场中，90%以上服务器部署的操作系统为 Linux。Linux 操作系统的使用很方便：从来不用做磁盘碎片整理；一条命令就可以安装二十个程序；可无损调整分区大小而不用担心丢失数据；可同时运行多个桌面，甚至可让多个用户同时登录并使用该机器。Linux 更新无须重启系统，相对于 Windows 服务器，死机率也更低。常见的 Linux 操作系统有 Ubuntu、CentOS、Red Hat 等，如图 2.1 所示。

Ubuntu　　　　　　　　CentOS　　　　　　　　Red Hat

图 2.1　常见的 Linux 操作系统

实际生活中，我们使用更多的是 Windows 操作系统，为了更好地模拟 MySQL 在企业中的运行环境，可以使用虚拟化软件 VMware Workstation 来搭建 Linux 操作系统平台。

VMware（威睿）公司是全球虚拟化解决方案的领导厂商，旗下的 VMware

Workstation 软件可以实现在一台电脑上同时运行 Microsoft Windows、Linux、macOS、DOS 等多种不同的操作系统。虚拟化软件能模拟出完整的计算机系统底层的功能。虚拟机的使用范围很广，如对未知软件进行评测、运行可疑的工具等，即使这些程序带有病毒，也只能破坏虚拟系统。虚拟机就像一个行李箱，里面装着需要的环境，移动或打包这些环境也非常方便，如图 2.2 所示。

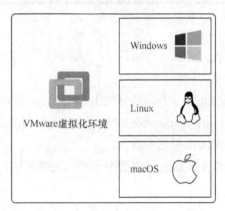

图 2.2　虚拟化构建多种系统关系图

2.1.2　搭建实验平台

读者可以访问 VMware 官方网站下载最新的 VMware Workstation 版本。同时建议使用 Google Chrome 浏览器进行访问，因为该浏览器带有自动翻译功能，便于阅读。当然，用户在访问 VMware 官方网站的时候也会自动跳转到中文页面，如图 2.3 所示

图 2.3　VMware 官方网站中文页面

在主页单击"下载"按钮，并在新加载页面的搜索框中输入"VMware workstation pro 15"进行搜索，找到相应的软件安装包下载即可，如图 2.4 和图 2.5 所示。当然，这些操作是要在登录的前提下完成的。另外，用户操作的计算机需要支持虚拟化技术，读者可以自行查阅相应品牌的计算机使用说明书。

将下载好的软件包安装在 Windows 环境下即可，安装过程中会提示安装路径等配置信息，用户根据自己的需求选择即可，建议将 VMware Workstation 安装在剩余空间充足的磁盘上。

VMware Workstation 15 系列版本于 2018 年更新，该版本与 VMware Workstation 14 系列版本没有太大的区别，为了追求稳定，本书中使用的是 VMware Workstation 14 系列版本。

图 2.4　下载搜索页面

图 2.5　版本下载界面

2.1.3　虚拟平台的基本使用

VMware 虚拟平台提供了虚拟机创建与管理、远程连接、虚拟网络配置、虚拟机快照等功能，可以实现虚拟机的备份还原和迁移。同时其自带的网络配置可以让用户在不同的场景间自由切换，可以更好地模拟生产中服务器的网络状态。VMware 虚拟平台主页面如图 2.6 所示。

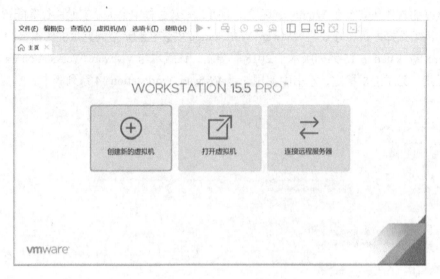

图 2.6　VMware 虚拟平台主页面

　　虚拟平台提供的三种网络模式包括仅主机模式、NAT 模式、桥接模式，三者的主要区别与各自的功能如表 2.1 所示。

表 2.1　　　　　　　　　　　　　　　　　　虚拟平台的三种网络模式

网络模式	主要实现的功能
仅主机模式	本机作为路由器给你的虚拟机分配一个 IP，将虚拟机与外网隔开，使得虚拟机成为一个独立的系统，只与主机通信，虚拟系统和真实的网络是被隔开的。适合在 IP 地址紧张的时候使用
NAT 模式	NAT 是虚拟机中默认的网络配置，用于共享主机的 IP 地址，相当于虚拟系统把物理主机作为路由器访问互联网，虚拟机和主机在共享一个 IP 地址
桥接模式	直接连接物理网络。在此模式下虚拟机相当于一台新的、独立的计算机，可以分配到独立的 IP（与主机的 IP 相同网段）

　　可以单击页面左上角的"编辑"按钮，打开"虚拟网络编辑器"，根据实际情况来选择不同的网络模式。

2.2　CentOS 系统的部署

2.2.1　CentOS 系统

　　CentOS（Community Enterprise Operating System，社区企业操作系统）是 Linux 发行版之一，每个版本的 CentOS 都会获得十年的技术支持（通过安全更新方式）。新版本的 CentOS 大约每两年发行一次，而每个版本的 CentOS 会定期（大概每六个月）更新一次，以便支持新的硬件，从而建立一个安全、低维护、稳定、高预测性、高重复性的 Linux 环境。目前常用版本为 CentOS 7.6（1810），上个版本是 CentOS 7.5（1804）。

　　1．CentOS 与 RedHat 的区别

CentOS 与 Red Hat 使用同样的源码，不同的是 CentOS 在源码的基础上进行了二次编译。CentOS

独有的 yum 命令支持在线升级，可以即时更新系统，不需要支付任何费用，不像 Red Hat 用户需要付费才可以享受技术支持以及版本升级服务。CentOS 不经常更新，就像在选择 MySQL 版本时需要考虑稳定因素一样，企业在部署操作系统的时候也要注意到这一点。

2. CentOS 与 Ubuntu 的区别

相对于 CentOS，Ubuntu 有着美观易用的 UI（User Interface，用户界面）、完善的包管理系统以及丰富的技术社区，同时对大多数计算机硬件有着良好的兼容性，包括最新的图形显卡等，近年来受到了大众用户的青睐。但 Ubuntu 为了保持良好的兼容性，会不断地更新系统，这对企业中持续运行的服务器来说是个不小的挑战。Ubuntu 桌面版安装后会占用大量系统资源，严重时甚至会导致服务器死机，这种情况给企业带来的损失难以估量。CentOS 因有着最小化的安装方式，不会占用太多系统资源，在企业应用中占有率较高。

2.2.2　系统下载

CentOS 官方网站中文页面如图 2.7 所示。

图 2.7　CentOS 官方网站中文页面

CentOS 是社区驱动的免费软件，旨在提供强大的开源生态系统。对于用户，它提供适用于各种部署的平台；对于开源社区，它提供可靠、可预测的基础，以及用于构建、测试、发布和维护代码的大量资源。用户可以在官方网站找到自己需要的帮助文档，在遇到问题的时候可以在社区中探讨。单击页面上的"立即获取 CentOS"按钮即可下载系统，下载的文件格式是 ISO，如图 2.8 所示。

在图 2.8 中可以看到，官方网站可下载两种 ISO 文件，本书中用到的是"最小 ISO"。单击"最小 ISO"按钮会跳转到下载链接页面。网站支持国内镜像地址下载，包括阿里巴巴、网易 163、京东、华为等国内公司提供的镜像服务。相对于国外的镜像文件，国内的镜像文件下载更快，节省了用户的时间。链接选择页面如图 2.9 所示。

镜像文件大小约为 900MB，下载时间较长，请耐心等待。

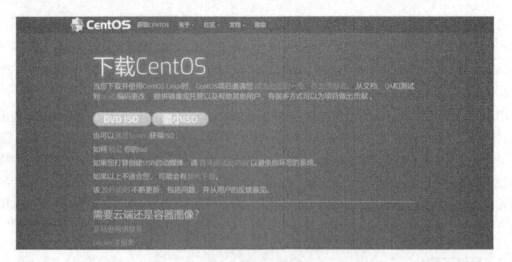

图 2.8　CentOS 下载页面

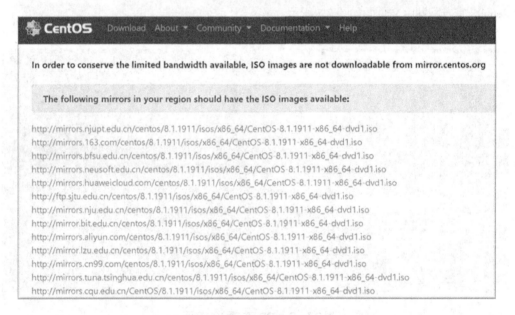

图 2.9　链接选择页面

2.2.3　最小化安装 CentOS

　　准备好 VMware Workstation 虚拟化软件和 CentOS 镜像文件后，即可开始安装 CentOS，具体的操作步骤如下。

　　（1）安装系统之前，用户需要创建一台虚拟机，并配置硬件参数。在 VMware Workstation 主菜单栏中依次单击"文件""新建虚拟机"，或者使用组合键"Ctrl + N"来创建虚拟机，也可以直接单击主页面上的加号创建新的虚拟机。

　　（2）在弹出的"新建虚拟机向导"页面中选中"典型（推荐）"，然后单击"下一步"按钮，如图 2.10 所示。当然，如果读者不是初次接触 Linux 操作系统，则可以使用自定义安装，来配置适合自己的虚拟机平台。

（3）在"安装客户机操作系统"页面，选择"安装程序光盘映像文件"选项，然后单击后方的"浏览"按钮，根据路径找到自己下载的镜像文件，选择镜像文件为系统启动的加载镜像，如图 2.11 所示。如果提示已检测到相应文件，那么就表示选择正确。虚拟机创建完成并开机后，会自动进行系统的安装。

图 2.10　新建虚拟机向导

图 2.11　选择镜像文件

（4）可以对新建的虚拟机重命名，选择合适的安装位置。建议安装在磁盘空间较充裕的地方，方便后期系统较多时的区分和虚拟机数据的备份、迁移与克隆，如图 2.12 所示。

图 2.12　选择安装位置

（5）用户可以自定义虚拟机硬盘的大小，默认的配置为 20GB，也可选中"将虚拟磁盘拆分成多个文件"选项，如图 2.13 所示。

（6）配置完成后，用户可以看到新建虚拟机的配置，确认后，单击"完成"按钮即可以运行系统安装程序。

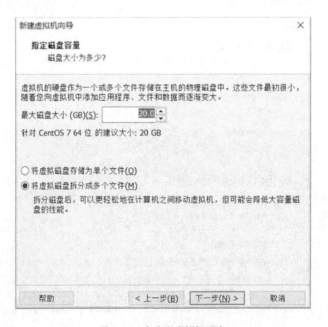

图 2.13　自定义虚拟机硬盘

（7）此时界面上会显示三个选项，如图 2.14 所示。用户可以使用键盘上下键来选择这些选项，选项的含义如下所示。

Install CentOS 7：安装 CentOS 7。

Test this media & install CentOS 7：测试并安装 CentOS 7。

Troubleshooting：故障排除。

图 2.14　系统安装界面

（8）选择"安装 CentOS 7"选项，按回车键确认。此时系统会读取用户下载的镜像文件，完成后弹出安装语言选择界面。滚动鼠标滚轮找到"中文"选项，如图 2.15 所示。

图 2.15　安装语言选择界面

（9）选择好安装语言后，会进入主要配置选项界面，在这里，用户可以对新建的 CentOS 进行更详细的配置。在此过程中需要注意以下几点。

①　建议将时区设置为"亚洲/上海时区"。

②　安装源选择"本地介质"。

③　安装位置选择"自动分区（跟随默认）"。

④　在"网络和主机名"选项中开启网络自动扫描，使虚拟机系统自动扫描网络，并根据网络情况自动配置 IP 地址和其他网络参数，默认的网卡名称为 ens33。

详细配置如图 2.16 和图 2.17 所示。

图 2.16　安装信息

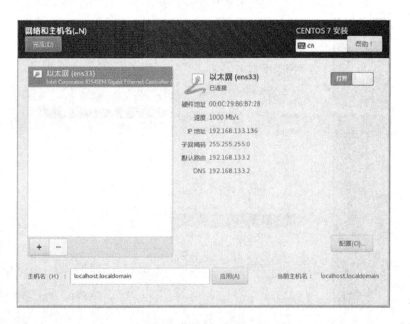

图 2.17　网络配置

（10）配置完成后系统进行自动编译安装，在此过程中系统会提醒为 CentOS 的 root 用户创建密码。root 用户为系统中唯一的超级用户，具有系统中所有的权限，和 Windows 系统中的 admin 用户有相似的性质。在生产环境中一般不会直接使用 root 用户，而是通过普通用户的身份来登录系统，当普通用户需要特殊权限时，就要使用 root 提权来完成。单击 "ROOT 密码" 选项，根据用户的实际情况来设置密码，密码长度没有规定，建议将密码复杂程度提高。配置 root 用户密码的界面如图 2.18 所示。

配置完成后，系统将进行最后的编译安装，完成后的界面如图 2.19 所示。单击 "重启" 按钮，即可重新启动系统进入 CentOS 登录界面，如图 2.20 所示。在 "localhost login:" 后输入登录的用户名 "root"，按回车键确认后，系统会提醒用户输入密码。

图 2.18　配置 root 用户密码

图 2.19　完成后的界面

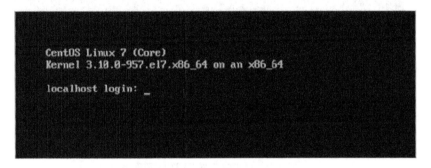

图 2.20　CentOS 登录界面

2.3　MySQL 的安装与配置

2.3.1　MySQL 安装方式

Linux 操作系统下，MySQL 安装包分为 3 类，如表 2.2 所示。

表 2.2　　　　　　　　　　　　　　　　MySQL 安装包类别

名称	特征
RPM 包	Linux 平台下的一种安装文件，通过命令可以很方便地安装与卸载。MySQL 的 RPM 包分为两大类，服务器端 RPM 包和客户端 RPM 包，需要分别下载和安装
二进制包	经过编译生成的二进制文件软件包
源码包	MySQL 的源码，编译成二进制文件后才可以安装

在实际生产环境中 MySQL 的安装方式有两种，分别是 Yum 方式安装和源码编译方式安装。Yum 是 Fedora、Red Hat 以及 CentOS 中的 Shell 前端软件包管理器，基于 RPM 包管理，能够从指定的服务器下载 RPM 包并进行安装，就像计算机上的软件管家一样。源码（也称为源代码、源程序）是按照一定的程序设计语言规范书写且未进行编译的文本文件，是可读的计算机语言指令。将人类可读的文本翻译成计算机可以执行的二进制指令的过程叫作编译，需要通过编译器完成。

Yum 方式安装可以很好地解决依赖包问题（Yum 安装过程中会自动处理依赖性关系，一次性安装所有的依赖包）。源码编译方式安装不会自动安装依赖包，需要用户单独下载依赖包并手动安装，在编译安装过程中可以设定参数，按照不同的需求进行安装，安装的版本可以自己选择，灵活性比较大。

2.3.2　Yum 方式安装

因为是初次安装 CentOS，使用系统自带的仓库无法获取最新的 MySQL 版本，所以首先需要从官方网站下载 MySQL 的镜像仓库文件来更新仓库。在搜索引擎中访问 MySQL 官方网站，中文页面如图 2.21 所示。

图 2.21　MySQL 官方网站中文页面

将镜像仓库下载页面向下滚动，可以看到版本选项，如图 2.22 所示。

图 2.22　版本选项

选择"红帽企业版 Linux 7 /CentOS Linux 7 （独立于架构），RPM 软件包"进行下载，此时会跳转到确认下载页面，如图 2.23 所示，在页面下方"不用了，请开始下载"处单击鼠标右键，在弹出的快捷菜单中单击"复制链接地址"。

图 2.23　确认下载页面

在 CentOS 中使用 wget 工具下载文件，具体的操作流程如下所示。

安装 wget 工具：

```
[root@localhost ~]# yum -y install wget
```

下载源码包：

```
[root@localhost ~]# wget https://dev.mysql.com/get/mysql80-community-release-el7-1.noarch.rpm
[root@localhost ~]# ls
mysql80-community-release-el7-1.noarch.rpm
[root@localhost ~]# yum localinstall mysql80-community-release-el7-1.noarch.rpm
```

为了顺利将 MySQL 安装成功，前期的准备工作也必不可少。在 CentOS 中需要将防火墙和 SELinux 关闭。

```
[root@localhost ~]# systemctl disable firewalld
[root@localhost ~]# setenforce 0
[root@localhost ~]# systemctl status firewalld
firewalld.service - firewalld - dynamic firewall daemon
   Loaded: loaded (/usr/lib/systemd/system/firewalld.service; disabled; vendor p
reset: enabled)
   Active: inactive (dead)
     Docs: man:firewalld(1)
[root@localhost ~]# getenforce
 Disabled
```

从上方代码的执行结果可以看出 SELinux 已经处于关闭状态。需要注意。这里的 SELinux 是临时关闭，系统重启后 SELinux 默认还会开启。如果需要永久关闭 SELinux，则应该修改相关的配置文件。

基本环境配置完成后，即可安装 MySQL，具体步骤如下。

（1）选择需要安装的版本

查 Yum 仓库中有关 MySQL 的所有列表。

```
[root@localhost ~]# yum repolist all |grep mysql
mysql-cluster-7.5-community/x86_64 MySQL Cluster 7.5 Community   disabled
mysql-cluster-7.5-community-source MySQL Cluster 7.5 Community - disabled
mysql-cluster-7.6-community/x86_64 MySQL Cluster 7.6 Community   disabled
mysql-cluster-7.6-community-source MySQL Cluster 7.6 Community - disabled
mysql-connectors-community/x86_64  MySQL Connectors Community enabled:118
mysql-connectors-community-source  MySQL Connectors Community -  disabled
mysql-tools-community/x86_64       MySQL Tools Community       enabled:95
mysql-tools-community-source       MySQL Tools Community - Sourc disabled
mysql-tools-preview/x86_64         MySQL Tools Preview          disabled
mysql-tools-preview-source         MySQL Tools Preview - Source disabled
mysql55-community/x86_64           MySQL 5.5 Community Server    disabled
mysql55-community-source           MySQL 5.5 Community Server -  disabled
mysql56-community/x86_64           MySQL 5.6 Community Server    disabled
mysql56-community-source           MySQL 5.6 Community Server -  disabled
mysql57-community/x86_64           MySQL 5.7 Community Server    disabled
mysql57-community-source           MySQL 5.7 Community Server -  disabled
mysql80-community/x86_64           MySQL 8.0 Community Server enabled:129
```

MySQL 的 Yum 安装默认安装最新的版本，从上方的最后一行代码可以看出 MySQL 8 系列是"enable"状态，所以需要禁用 MySQL 8.0，同时开启 MySQL 5.7。在执行此操作之前需要安装 Yum 管理工具包，此包中提供了 yum-config-manager 命令工具，代码如下所示，执行过程此处省略。

```
[root@localhost ~]# yum install yum-utils
```

禁用 MySQL 8.0：

```
[root@localhost ~]# yum-config-manager --disable mysql80-community
```

启用 MySQL 5.7：

```
[root@localhost ~]# yum-config-manager --enable mysql57-community
```

设置完成后再次确认启动的 MySQL 仓库的版本。

```
[root@localhost ~]# yum repolist enabled | grep mysql
mysql-connectors-community/x86_64    MySQL Connectors Community      118
mysql-tools-community/x86_64         MySQL Tools Community           95
mysql57-community/x86_64             MySQL 5.7 Community Server      36
```

（2）开始安装 MySQL

配置好镜像仓库与版本，便可以使用以下命令来安装 MySQL，命令执行过程此处省略。

```
[root@localhost ~]# yum install -y mysql-community-server
```

（3）启动 MySQL 服务与查看状态

安装完成后启动 MySQL 服务，启动服务的代码与反馈结果如下所示。

```
[root@localhost ~]# systemctl start mysqld.service
[root@localhost ~]# systemctl status mysqld.service
 mysqld.service - MySQL Server
 Loaded: loaded (/usr/lib/systemd/system/mysqld.service; enabled; vendor preset:
 disabled)
 Active: active (running) since Thu 2019-01-15 16:24:24 CST; 1h 10min ago
    Docs: man:mysqld(8)
          http://dev.mysql.com/doc/refman/en/using-systemd.html
          Process: 1093 ExecStart=/usr/sbin/mysqld -daemonize
--pid-file=/var/run/mysqld/mysqld.pid $MYSQLD_OPTS (code=exited,
status=0/SUCCESS)
 Process: 1067 ExecStartPre=/usr/bin/mysqld_pre_systemd (code=exited, status=0/S
UCCESS)
 Main PID: 1193 (mysqld)
 CGroup: /system.slice/mysqld.service
           └─1193 /usr/sbin/mysqld -daemonize
--pid-file=/var/run/mysqld/mysqld.pid...

Aug 15 16:24:17 localhost systemd[1]: Starting MySQL Server...
Aug 15 16:24:24 localhost systemd[1]: Started MySQL Server.
```

从代码的执行结果可以看出，MySQL 服务是 "running" 状态，表示 MySQL 服务启动成功。MySQL 默认占用系统 3306 端口，读者也可以使用 ss -natl 命令与 grep 命令过滤出端口运行状态。

```
[root@localhost ~]# ss -natl |grep 3306
LISTEN    0    80         :::3306                    :::*

[root@localhost ~]# systemctl enable mysqld
```

通过以上命令执行结果可以看出，数据库服务和端口都已经启动，说明 MySQL 安装成功。Linux 下 MySQL 的重要目录如表 2.3 所示。

表 2.3　　　　　　　　　　　　　　Linux 下 MySQL 的重要目录

子文件夹路径	文件夹主要内容
/usr/bin	Mysqladmin、mysqldump 等命令的目录
/etc/rc.d/init.d/	启停脚本文件
/usr/share/info	信息手册
/etc/my.cnf	主要配置文件
/var/lib/mysql	安装目录

读者需要熟记这些目录的配置信息。

2.3.3　源码编译方式安装

因为 CentOS 7 默认的数据库为 MariaDB，所以需要卸载一些系统自带软件包；2.3.1 节中提到源码安装不解决依赖包的问题，所以需要手动下载安装依赖包，命令代码如下所示。相关依赖包的作用如表 2.4 所示。

```
[root@localhost ~]# rpm -e --nodeps mariadb-libs
[root@localhost ~]# yum -y install gcc gcc-c++ ncurses ncurses-devel cmake bison
bison-devel
```

25

（2）下载源码包

使用 wget 工具下载源码包，同时下载源码编译需要的 boost 依赖包，代码如下。

```
[root@localhost ~]# wget
https://dev.mysql.com/get/Downloads/MySQL-5.7/mysql-5.7.25.tar.gz
[root@localhost ~]# wget
http://downloads.sourceforge.net/project/boost/boost/1.59.0/boost_1_59_0.tar.gz
```

（3）创建用户与授权

```
[root@localhost ~]# useradd -M -s /sbin/nologin mysql
[root@localhost ~]# mkdir -p /mysql/data
[root@localhost ~]# chown -R  mysql:mysql  /usr/local/mysql
[root@localhost ~]# chown -R  mysql.mysql  /mysql/data
[root@localhost ~]# chmod 750  /mysql/data
```

上方代码第 1 行中"-M"表示不创建用户的家目录，"-s"表示指定一个不能登录的 Shell。

（4）解压和预编译源码包

将下载的源码包编译成二进制文件，命令如下，执行结果此处省略。

```
[root@localhost ~]# tar xzf boost_1_59_0.tar.gz
[root@localhost ~]# tar xzf mysql-5.7.25.tar.gz
[root@localhost ~]#
[root@localhost ~]# cd mysql-5.7.25
[root@localhost ~]# cmake . -DCMAKE_INSTALL_PREFIX=/usr/local/mysql \
-DMYSQL_DATADIR=/mysql/data \
-DWITH_BOOST=../boost_1_59_0 \
-DSYSCONFDIR=/etc \
-DENABLED_LOCAL_INFILE=1 \
-DENABLE_DTRACE=0 \
-DDEFAULT_CHARSET=utf8mb4 \
-DDEFAULT_COLLATION=utf8mb4_general_ci \
-DWITH_EMBEDDED_SERVER=1
[root@localhost ~]#
```

上方代码中"\"为换行符，表示命令还未结束。各参数的含义如表 2.5 所示。

表 2.5 　　　　　　　　　　　　　　　　MySQL 源码编译参数说明

参数	说明
-DCMAKE_INSTALL_PREFIX=/usr/local/mysql	指定安装目录
-DMYSQL_DATADIR=/mysql/data	指定数据存放目录
-DSYSCONFDIR=/etc	指定配置文件目录
-DENABLED_LOCAL_INFILE=1	指定允许使用 load data infile 功能，即加载本地文件
-DENABLE_DTRACE=0	使用 DTrace 跟踪 mysqld
-DDEFAULT_CHARSET=utf8mb4	指定默认的字符编码
-DDEFAULT_COLLATION=utf8mb4_general_ci	指定默认的排序规则
-DWITH_EMBEDDED_SERVER=1	编译使用的 libmysqld 嵌入式库

更多的参数设置说明可以参阅 MySQL 的官方使用手册。如果编译中途失败，需要删除 cmake 生成的预编译配置参数的缓存文件和 make 编译后生成的文件，再重新编译。如果报错提示中有以下信息：

```
make[2]: *** [libmysqld/examples/mysql_client_test_embedded]
make[1]: *** [libmysqld/examples/CMakeFiles/mysql_client_test_embedded.dir/all]
```

则需要在编译参数中加入以下配置项：

```
DWITH_EMBEDDED_SERVER=OFF
```

说明： SQL 语句一般不区分大小写，本书在讲解时为醒目起见，常使用大写字母。

看到图 2.26 所示的信息，说明 MySQL 安装成功。

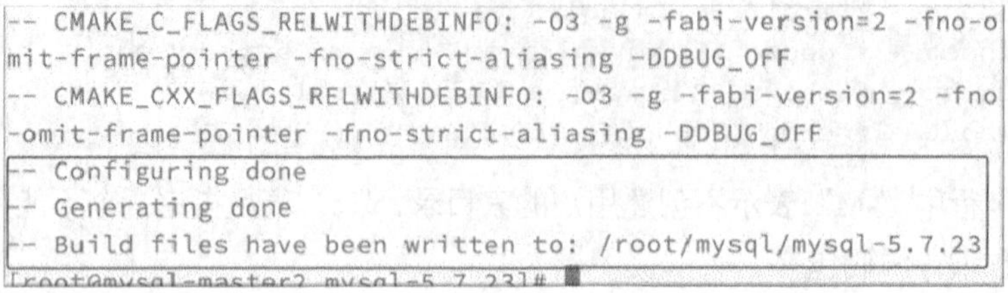

图 2.26　MySQL 安装成功

（5）编译安装与添加环境变量

编译过程需要消耗大量的系统资源，如果编译不通过，建议将系统内存调至 2GB 以上。编译安装命令代码如下，编译过程此处省略。

```
[root@localhost ~]# make -j $(grep processor /proc/cpuinfo | wc -l)
[root@localhost ~]# make install
[root@localhost ~]# echo -e '\n\nexport PATH=/usr/local/mysql/bin:$PATH\n' >>
/etc/profile && source /etc/profile
```

（6）添加 MySQL 服务到 systemed

复制可执行文件到指定的目录下，并修改名字为 mysqld，授予权限，设置开机自启。

```
[root@localhost ~]# cp /usr/local/mysql/support-files/mysql.server
/etc/init.d/mysqld
[root@localhost ~]# chmod +x /etc/init.d/mysqld
[root@localhost ~]# systemctl enable mysqld
[root@localhost ~]# systemctl start mysqld
```

服务启动完成后，检查 MySQL 的服务状态和端口占用情况，验证 MySQL 源码编译安装是否成功。

2.3.4　初始化数据库

MySQL 安装完成后会自动生成一个随机密码，使用随机密码即可登录或者修改密码。随机密码可以在 MySQL 的错误日志中找到，代码如下所示。

```
[root@localhost ~]# grep 'temporary password' /var/log/mysqld.log
2019-08-21T01:49:46.861389Z 1 [Note] A temporary password is generated for
root@localhost: hphqGlH/>9SN
```

从上方代码中可以看出 MySQL 的初始密码为 "hphqGlH/>9SN"。MySQL 修改登录密码有以下两种方式。

（1）使用初始密码登录 MySQL，在数据库中使用 ALTER 语句修改密码。

```
[root@localhost ~]# mysql -uroot -p"hphqGlH/>9SN"
mysql: [Warning] Using a password on the command line interface can be insecure.
Welcome to the MySQL monitor.  Commands end with ; or \g.
Your MySQL connection id is 4
Server version: 5.7.27

Copyright (c) 2000, 2019, Oracle and/or its affiliates. All rights reserved.

Oracle is a registered trademark of Oracle Corporation and/or its
affiliates. Other names may be trademarks of their respective
owners.

Type 'help;' or '\h' for help. Type '\c' to clear the current input statement.
mysql> ALTER USER 'root'@'localhost' IDENTIFIED BY 'Root-123';
```

（2）在不登录 MySQL 的情况下修改初始密码，命令如下所示。

```
[root@localhost ~]# mysqladmin -p'找到的初始密码' password'修改后的密码'
```

注意，登录密码需至少包含一个大写字母、一个小写字母、一个数字和一个特殊字符，并且密码总长度至少为 8 个字符。取消密码复杂度、不使用密码登录、忘记密码等操作将在后续章节介绍。

2.4　本章小结

本章主要讲解了虚拟化软件 VMware Workstation 的使用和搭建虚拟的 Linux 操作系统平台，同时介绍了数据库的两种安装方式与基本使用。通过本章的学习，读者可以对数据库有初步的认识。应重点掌握 MySQL 在 Linux 操作系统平台上的源码编译方式安装的操作流程、Yum 方式安装与源码编译方式安装的区别、MySQL 安装后的几个重要目录。

2.5　习题

1. 填空题

（1）常见的 Linux 操作系统有_____、_____、_____。

（2）常见的 MySQL 软件包有_____、_____、　　　　　。

（3）VMware 虚拟平台有_____、_____、_____三种网络模式。

（4）结构化查询语言是专门为数据库建立的操作命令集，是一种功能齐全的_____。

（5）MySQL 的/usr/bin 目录中主要存放一些客户端程序和_____。

2. 选择题

（1）MySQL 的默认配置文件路径是（　　　）。

A. /etc/my.cnf　　　　B. /etc/passwd　　　　C. /var/log　　　　　　D. /var/lib/mysql

（2）目前企业中部署 MySQL 最合适的版本是（　　　）。

A. MySQL 5.3　　　　B. MySQL 5.7　　　　C. MySQL 8.0　　　　D. 以上都不是

（3）在虚拟机中采用源码编译方式安装 MySQL 失败，问题可能出在（　　）。

A. 网络速度　　　　　B. 内存过小　　　　　C. CPU 读写速率　　　　D. 磁盘读取速率

（4）下列关于 Yum 方式安装与源码编译方式安装描述错误的是（　　）。

A. Yum 方式安装解决依赖包问题

B. 源码编译方式可以按需安装

C. 源码编译方式不能自动安装依赖包

D. Yum 方式安装没办法安装最新的版本

（5）关于 MySQL 的登录方式，以下说法正确的是（　　）。

A. 修改密码需要用到初始密码

B. 可以通过初始密码来登录数据库

C. 在没有修改配置文件的情况下，密码可以设置为 "123"

D. 可以登录数据库后再修改密码

3. 简答题

（1）在企业中应该使用哪种方式安装 MySQL？为什么？

（2）VMware 虚拟平台提供几种网络模式，各自有什么特点？

（3）简述在源码编译方式安装 MySQL 的过程中需要注意哪些问题。

第3章　MySQL 数据操作

本章学习目标

- 了解 SQL 语句的基本分类
- 掌握使用结构化查询语言进行数据操作的方法
- 掌握数据库不同存储引擎的差异
- 掌握常见的数值类型并学会合理运用

数据库、数据表操作是 MySQL 实现其功能的前提，本章着重介绍数据库的基本操作，包括创建库、创建表、修改表结构等。本章将通过丰富的实例对 SQL 进行详细的介绍，读者不但能够学习 SQL 语句的基本使用，还能够掌握 MySQL 中扩展语句的用法。

3.1　SQL 语句

数据表是关系型数据库 MySQL 的基本存储单元，它与生活中使用的 Excel 表格类似。在实际的生产环境中，因为需要控制硬件成本，所以在安装操作系统时都是进行最小化安装，并不提供图形化界面，因此 MySQL 也不能像在 Excel 中那么便捷地修改数据。为了能够对数据进行管理，MySQL 中提供了 SQL 来支持数据操作。

3.1.1　SQL 简介

结构化查询语言（Structure Query Language，SQL）可以实现和数据库建立联系、进行沟通的功能，同时也支持数据库的查询和程序设计，还可以用于存储数据以及查询、更新和管理关系型数据库。20 世纪 80 年代初，美国国家标准局（American National Standards Institute，ANSI）制定了关于 SQL 的标准，从此 SQL 被作为关系型数据库管理系统的标准语言。随着计算机领域的发展，标准也被不断修改，更趋完善。

3.1.2　SQL 分类

在数据库中，根据执行条件的不同，SQL 语句主要可以划分为以下 4 个类别。

1. DDL 语句

DDL（Data Definition Language，数据定义语言）用在定义或改变表的结构、

31

数据类型、表之间的链接和约束等初始化工作上。常用的语句关键字包括 CREATE、DROP、ALTER 等。

2. DML 语句

DML（Data Manipulation Language，数据操纵语言）用于添加、删除、更新和查询数据库记录。常用的语句关键字有 INSERT、UPDATE、DELETE，分别代表插入、更新与删除，是开发以数据为中心的应用程序必会使用到的指令。

3. DCL 语句

DCL（Data Control Language，数据控制语言）用于对数据访问权限进行控制，定义数据库、表、字段、用户的访问权限和安全级别。主要关键字包括 GRANT、REVOKE 等。

4. DQL 语句

DQL（Data Query Language，数据查询语言）主要用于对数据的查询。主要关键字包括 SELECT、FROM、WHERE。

3.2　数据类型

MySQL 支持所有标准的 SQL 数据类型，包括严格数据类型（如 INTEGER、SMALLINT、DECIMAL 和 NUMBERIC）。MySQL 提供了多种数据类型，包括整数类型、浮点数类型、定点数类型、日期和时间类型、字符串类型和二进制数据类型。不同的数据类型有各自的特点，使用范围不相同，存储方式也不一样。

3.2.1　数值类型

数值类型包括整数类型、浮点类型、定点数类型、位类型。标准 SQL 支持的整数类型包括 INTEGER 和 SMALLINT，MySQL 不仅支持这两种类型，还扩展支持 TINYINT、MEDIUMINT 和 BIGINT。MySQL 常用的数值类型如表 3.1 所示。

表 3.1　　　　　　　　　　　　　　　　MySQL 常用的数值类型

数据类型	字节数	有符号数的取值范围	无符号数的取值范围
TINYINT	1	−128～127	0～255
SMALLINT	2	−32768～32767	0～65535
MEDIUMINT	3	−8388608～8388607	0～16777215
INT / INTEGER	4	−2147483648～2147483646	0～4294967295
BIGINT	8	−9223372036854775808～9223372036854775807	0～18446744073709551615
FLOAT	4	−3.402823644E+38～−1.175494351E−38	0 和 1.175494351E−38～3.402823644E+38
DOUBLE	8	−1.7976931348623157E+308～2.2250738585072014E−308	0 和 2.2250738585072014E−308～1.7976931348623157E+308

MySQL 支持的 5 个整数类型 TINYINT、SMALLINT、MEDIUMINT、INT 和 BIGINT 在很大程度上是相同的，只是它们存储的值的大小是不相同的。FLOAT 数值类型用于表示单精度浮点数值，DOUBLE 数值类型用于表示双精度浮点数值。

3.2.2　字符串类型

MySQL 提供了 8 个基本的字符串类型，分别为 CHAR、VARCHAR、BINARY、VARBINARY、BLOB、TEXT、ENUM 和 SET，可以存储简单的字符或二进制字符串数据。MySQL 常用的字符串类型如表 3.2 所示。

表 3.2　　　　　　　　　　　　　MySQL 常用的字符串类型

数据类型	字节数	类型描述
CHAR	0～255	定长字符串
VARCHAR	0～65535	可变字符串
TINYBLOB	0～255	不超过 255 个字节的二进制字符串
TINYTEXT	0～255	短文本字符串
BLOB	0～65535	二进制形式的长文本数据
TEXT	0～65535	长文本数据
BINARY (M)	0～M	允许长 0～M 个字节的变长字节字符集
VARBINAR (M)	0～M	允许长 0～M 个字节的变长字节字符集
MEDIUMBLOB	0～16777215	二进制形式的中等长度文本数据
MEDIUMTEXT	0～16777215	中等长度文本数据
LOGNGBLOB	0～4294967295	二进制形式的极大文本数据
LONGTEXT	0～4294967295	极大文本数据

表 3.2 中列出了常见的字符串类型，其中有些类型比较相似。下面将详细介绍这些类型的区别与联系。

1. CHAR 和 VARCHAR

CHAR 用于存储固定长度的字符串，基本格式为 CHAR(*)，必须要在圆括号内定义长度。"*"表示指示器，也可以理解为字节数，取值范围为 0～255，可以有默认值。

VARCHAR 用于存储可变长度的数据，基本格式为 CHAR(*)，并且也必须带有一个取值范围为 0～255 的指示器。

CHAR 和 VARCHAR 的不同之处在于 MYSQL 处理指示器的方式。CHAR 把指示器大小视为值的大小，在长度不足的情况下用空格补足。而 VARCHAR 类型把它视为最大值，只使用存储字符串实际需要的长度（增加一个额外字节来存储字符串本身的长度）来存储值，所以短于指示器长度的 VARCHAR 数据不会被空格填补，但长于指示器的数据仍然会被截短。例如，定义一个 CHAR(10) 和一个 VARCHAR(10)，如果存进去 "ABCD" 四个字符，CHAR 的长度依然为 10，除了字符 "abcd" 之外，后面还跟了六个空格，而 VARCHARR 的长度显示为 "4"。在取数据的时候，CHAR 要去掉多余的空格，而 VARCHAR 是不需要的。

由于 VARCHAR 可以根据实际内容动态改变存储值的长度，因此在不能确定字段需要多少字符时，使用 VARCHAR 可以大大地节约磁盘空间、提高存储效率。VARCHAR 在使用 BINARY 修饰符时与 CHAR 完全相同。

2. TEXT 和 BLOB

对于字段长度超过 255 个字节的情况，MySQL 提供了 TEXT 和 BLOB 两种数据类型，根据存储数据的大小又分为不同的子类型。它们用于存储文本块或图像、声音文件等二进制数据。

TEXT 和 BLOB 的相同点如下。

（1）在 TEXT 列或 BLOB 列的存储或检索过程中不存在大小写转换，当未运行在严格模式下时，如果为 TEXT 列或 BLOB 列分配一个超过该列类型的最大长度的值，则值会被截取。如果截掉的字符不是空格，将会产生一条警告。

（2）TEXT 列或 BLOB 列都不能有默认值，当保存或检索 TEXT 列或 BLOB 列的值时，不删除尾部空格。

（3）对于 TEXT 列或 BLOB 列的索引，必须指定索引前缀的长度。

TEXT 和 BLOB 的不同点如下。

（1）TEXT 是大小写不敏感的，而 BLOB 是大小写敏感的。

（2）TEXT 被视为非二进制字符串，而 BLOB 被视为二进制字符串。

（3）TEXT 列有一个字符集，并且根据字符集的校对规则对值进行排序和比较；BLOB 列没有字符集。

（4）BLOB 可以储存图片，而 TEXT 只能储存纯文本。

3.2.3 日期和时间类型

在处理日期和时间类型的值时，MySQL 有不同的数据类型供用户选择。这些类型可以划分为简单的日期和时间类型、混合的日期和时间类型。根据要求的精度，子类型在每个分类型中都可以使用。日期和时间类型同样有对应的字节数和取值范围，MySQL 所支持的日期和时间类型如表 3.3 所示。

表 3.3 　　　　　　　　　　　　MySQL 日期和时间类型

数据类型	字节数	取值范围	日期格式	零值
YEAR	1	1901～2155	YYYY	0000
DATE	4	1000-01-01～9999-12-3	YYYY-MM-DD	0000-00-00
TIME	3	838:59:59～838:59:59	HH:MM:SS	00:00:00
DATETIME	8	1000-01-01 00:00:00～ 9999-12-31 23:59:59	YYYY-MM-DD HH:MM:SS	0000-00-00 00:00:00
TIMESTAMP	4	1970-01-01 00:00:01～ 2038-01-19 03:14:07	YYYY-MM-DD HH:MM:SS	0000-00-00 00:00:00

日期和时间类型根据不同的使用需求可以分为以下 4 种使用情况。

（1）需要表示年月日，使用 DATE。

（2）需要表示年月日时分秒，使用 DATETIME。

（3）需要经常插入或者更新日期为当前系统时间，使用 TIMESTAMP。

（4）需要表示时分秒，使用 TIME。

日期和时间类型的使用方法如例 3-1 所示。

【例 3-1】 日期和时间类型的使用方法。

```
mysql> create table test(
    -> f_date date,
    -> f_datetime datetime,
    -> f_timestamp timestamp,
    -> f_time time,
    -> f_year year);
Query OK, 0 rows affected (0.01 sec)

mysql> select curdate(),now(),now(),time(now()),year(now())  \G
*************************** 1. row ***************************
  curdate(): 2019-08-28
      now(): 2019-08-28 17:55:56
      now(): 2019-08-28 17:55:56
time(now()): 17:55:56
year(now()): 2019
1 row in set (0.00 sec)

mysql> insert into test    values(curdate(),now(),now(),time(now()),year(now()));
Query OK, 1 row affected (0.00 sec)

mysql> select * from test\G
*************************** 1. row ***************************
      f_date: 2019-08-28
 f_datetime: 2019-08-28 17:57:11
f_timestamp: 2019-08-28 17:57:11
      f_time: 17:57:11
      f_year: 2019
1 row in set (0.00 sec)

mysql>
```

例 3-1 首先创建了一个包含日期和时间类型的表，并使用 SELECT 语句查看相关函数的输出，方便与后面的数据进行对比；然后使用 INSERT 语句插入相关数值；最后是对应的输出格式。通过此例，读者可以了解日期和时间类型的使用方法。

3.3　存储引擎

存储引擎是数据库底层的组件，是数据库的核心。使用存储引擎可以创建、查询、更新、删除数据库。存储引擎可以理解为数据库的操作系统，不同的存储引擎提供的存储方式、索引机制等也不相同，就像 Windows 系统和 Mac 系统一样。在数据库开发时，为了提高 MySQL 的灵活性和高效性，可以根据实际情况来选择存储引擎。

3.3.1　MySQL 的存储引擎

MySQL 支持多种不同的存储引擎，包括处理事务安全表的引擎和处理非事务安全表的引擎。在 MySQL 中不需要使用同样的引擎，根据对数据处理的不同需求而选择合适的存储引擎不仅可以提高数据存储和检索的效率，还可以降低高并发情况下的数据压力。

在系统中可以使用 SHOW ENGINES 语句查看所支持的引擎类型，具体操作方法如下。

```
mysql> show engines \G
*************************** 1. row ***************************
      Engine: InnoDB
     Support: DEFAULT
     Comment: Supports transactions, row-level locking, and foreign keys
Transactions: YES
          XA: YES
  Savepoints: YES
*************************** 2. row ***************************
      Engine: MRG_MYISAM
     Support: YES
     Comment: Collection of identical MyISAM tables
Transactions: NO
          XA: NO
  Savepoints: NO
*************************** 3. row ***************************
      Engine: MEMORY
     Support: YES
     Comment: Hash based, stored in memory, useful for temporary tables
Transactions: NO
          XA: NO
  Savepoints: NO
*************************** 4. row ***************************
      Engine: BLACKHOLE
     Support: YES
     Comment: /dev/null storage engine (anything you write to it disappears)
Transactions: NO
          XA: NO
  Savepoints: NO
*************************** 5. row ***************************
      Engine: MyISAM
     Support: YES
     Comment: MyISAM storage engine
Transactions: NO
          XA: NO
  Savepoints: NO
*************************** 6. row ***************************
      Engine: CSV
     Support: YES
     Comment: CSV storage engine
Transactions: NO
          XA: NO
  Savepoints: NO
*************************** 7. row ***************************
      Engine: ARCHIVE
     Support: YES
     Comment: Archive storage engine
Transactions: NO
          XA: NO
  Savepoints: NO
*************************** 8. row ***************************
      Engine: PERFORMANCE_SCHEMA
     Support: YES
     Comment: Performance Schema
```

```
Transactions: NO
          XA: NO
   Savepoints: NO
*************************** 9. row ***************************
      Engine: FEDERATED
     Support: NO
     Comment: Federated MySQL storage engine
Transactions: NULL
          XA: NULL
   Savepoints: NULL
9 rows in set (0.00 sec)
```

在上方的 MySQL 信息中，Engine 列表示所支持的存储引擎，Support 列表示存储引擎是否可以被使用，其中 "YES" 表示可以使用，"NO" 表示不能使用，"DEFAULT" 表示为当前数据库默认的存储引擎。

3.3.2　常用引擎 MyISAM 与 InnoDB 的区别

在实际生产环境中，常见的 MySQL 存储引擎是 MyISAM 和 InnoDB，二者的区别如表 3.4 所示。

表 3.4　　　　　　　　　　　　　　　　MyISAM 和 InnoDB 的区别

类型	MyISAM	InnoDB
MVCC	不支持	支持
事务	不支持	支持
外键	不支持	支持
表锁差异	只支持表级锁	支持行级锁
全文索引	支持	不支持

1. 存储结构与存储空间

MyISAM 在磁盘上会存储成 3 个文件，可以被压缩，存储空间小，支持 3 种不同的存储格式。

InnoDB 所有的表都保存在同一个数据文件中（也可能是多个文件，或者是独立的表空间文件）。需要更多的存储空间，会在主内存中建立其专用的缓冲池用于高速缓冲数据和索引。

2. 表的具体行数

MyISAM 保存有表的总行数，使用 SELECT COUNT(*) FROM TABLE 会直接取出该值。

InnoDB 没有保存表的总行数，使用 SELECT COUNT(*) FROM TABLE 会遍历整个表，消耗相当大，但是在加了 WHERE 条件后，两者处理的方式一样。

3. 速度差异

InnoDB 的表在使用 SELECT COUNT 的时候，如果表的总行数不超过 2 万条，检索速度应该不会达到瓶颈，但是一旦超过了这个值，随着行数的增加，SELECT COUNT 查询效率会迅速下降。

经测试，检索一张表（大约 4.3 万行）的数据，MyISAM 耗费 105 微秒，InnoDB 耗费 10335 微秒。可以看出 InnoDB 耗时是 MyISAM 的 90 倍！这还是仅仅是 4 万多行数据下测试的差距，随着行数的增加，这个差距会越来越大。

4. 生产环境中的使用

MyISAM 管理非事务表，可以提供高速检索和全文搜索。如果应用中需要执行大量的 SELECT

查询，那么 MyISAM 是很好的选择。

InnoDB 用于事务处理应用程序，具有众多特性，包括 ACID 事务支持。如果应用中需要执行大量的 INSERT 命令或者 UPDATE 命令，则采用 InnoDB 可以提高多用户并发操作的性能。

3.3.3 存储引擎的选择

MySQL 支持的存储引擎有着不同的特点，适用于不同的需求。为了做出正确的选择，用户首先需要考虑每个存储引擎提供了哪些功能。存储引擎功能比较如表 3.5 所示。

表 3.5　　　　　　　　　　　　　　　　　存储引擎功能比较

功能	MyISAM	InnoDB	Memory	Archive
存储限制	256TB	64TB	RAM	无
事务	不支持	支持	不支持	不支持
全文索引	支持	不支持	不支持	不支持
外键	不支持	支持	不支持	不支持
哈希索引	不支持	不支持	支持	不支持
数据缓存	不支持	支持	N/A	不支持

如果只是临时存放数据，数据量不大并且不需要较高的数据安全性，可以选择将数据保存在内存中的 Memory。MySQL 使用该引擎作为临时表存放查询的中间结果。如果只有 SELECT 操作，可以选择 Archive 引擎。Archive 支持高并发的插入操作，但是本身并不是事务安全的。

具体使用哪一种引擎需要根据实际需求灵活选择，一个数据库中的多个表可以使用不同引擎以满足各种性能。使用合适的存储引擎将提高整个数据库的性能。

3.4　库与表的基础操作

3.4.1　库操作

创建数据库实际上是在数据库系统中划分出一部分空间，用来存储和区分不同的数据。创建数据库是进行表操作的基础，也是进行数据管理的基础。库与表的关系如图 3.1 所示。

MySQL 的库操作分为以下四种。

1. 创建库

在 MySQL 中，创建数据库需要通过 SQL 语句 CREATE DATABASE 实现，其语法形式如下。

```
create database 数据库名 数据库选项;
```

其中，"数据库名"表示需要创建的数据库名称。数据库命名需要注意以下几点。

（1）数据库名称是唯一的，且区分大小写。

（2）可以由字母、数字、下画线、@、#、$组成。

（3）不能使用关键字。

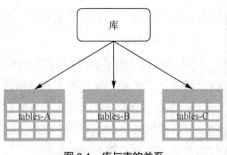

图 3.1　库与表的关系

（4）不能单独使用数字。

（5）最长 128 位。

数据库选项为[CHARACTER SET=<字符集>　COLLATE=<排序规则>]。在安装 MySQL 时默认使用的字符编码为 Latin-1。Latin-1 编码是单字节编码，而一般汉字需要两个字节来存储，所以以这个编码格式不支持汉字，而 UTF-8 编码支持中文显示。常见的字符集有 GBK、UTF-8、Latin-1。

字符集的基本使用方法如下。

创建数据库，指定默认的字符编码为 UTF-8，排序规则为 utf8mb4_general_ci。

```
create database 数据库名 default charset utf8mb4 collate utf8mb4_general_ci;
```

创建数据库，指定默认的字符编码为 GBK，排序规则为 gbk_chinese_ci。

```
create database 数据库名 default character set gbk collate gbk_chinese_ci;
```

2. 查看库

查看数据库的 SQL 语句为 SHOW DATABASES。在使用数据库时，还可以用 SELECT 命令查看当前使用的是哪个数据库（用于确定当前位置）。两种情况的语法形式如下。

```
mysql> show databases;
mysql> select database();
```

3. 使用库

使用数据库需要通过 SQL 语句 USE DATABASE 实现，其语法形式如下。

```
mysql> use database 数据库名;
```

4. 删除库

删除数据库的 SQL 语句形式如下所示，"数据库名"同样是需要删除的数据库名称。

```
mysql> drop database 数据库名;
```

读者可以通过例 3-2 更清楚地了解 SQL 语句在库操作中的用法。

【例 3-2】　使用 SQL 语句对库进行操作。

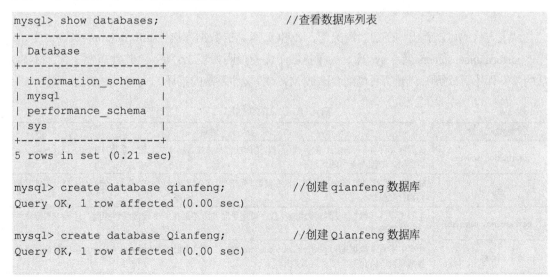

```
mysql> show databases;                      //查看数据库列表
+--------------------+
| Database           |
+--------------------+
| information_schema |
| mysql              |
| performance_schema |
| sys                |
+--------------------+
5 rows in set (0.21 sec)

mysql> create database qianfeng;            //创建 qianfeng 数据库
Query OK, 1 row affected (0.00 sec)

mysql> create database Qianfeng;            //创建 Qianfeng 数据库
Query OK, 1 row affected (0.00 sec)
```

```
mysql> show databases;
+--------------------+
| Database           |
+--------------------+
| information_schema |
| Qianfeng           |
| mysql              |
| performance_schema |
| qianfeng           |
| sys                |
+--------------------+
7 rows in set (0.00 sec)

mysql> drop database Qianfeng;              //删除 Qianfeng 数据库
Query OK, 0 rows affected (0.03 sec)

mysql> show databases ;
+--------------------+
| Database           |
+--------------------+
| information_schema |
| mysql              |
| performance_schema |
| qianfeng           |
| sys                |
+--------------------+
6 rows in set (0.00 sec)

mysql> use qianfeng;                    //使用 qianfeng 数据库
Database changed

mysql> select database() ;              //查看当前数据库
+------------+
| database() |
+------------+
| qianfeng   |
+------------+
1 row in set (0.00 sec)
```

从上方代码可以看出，在初始情况下，MySQL 默认的数据库包括 information_schema 库、mysql 库、performance_schema 库、sys 库，关于这四个库的说明如表 3.6 所示。此处需要注意，MySQL 默认的库文件不可以删除，删除后可能会造成 MySQL 文件系统的损坏。

表 3.6   MySQL 默认的数据库

数据库名称	说明
information_schema	此数据库保存了 MySQL 服务器所有数据库的信息，如数据库的名称、数据库的表、访问权限、表的数据类型，数据库索引的信息等
mysql	MySQL 的核心数据库，主要负责存储数据库的用户、权限设置、关键字、MySQL 自己需要使用的控制和管理信息
performance_schema	主要用于收集数据库服务器性能参数，可用于监控服务器在一个较低级别的运行过程中的资源消耗、资源等待等
sys	此库中所有的数据来自 performance_schema 库，主要负责把 performance _schema 库的复杂度降低，让数据库管理人员更方便管理数据库

在例 3-2 的代码可以看出，使用 SQL 语句分别成功创建了"qianfeng"和"Qianfeng"两个库文件。SQL 语句的输出结果也清楚地表现出数据库的名称区分大小写。随后的 SQL 语句成功删除了 Qianfeng 库，最后的反馈表示定位到正在使用数据库 qianfeng。

3.4.2　表操作

表是数据库存储数据的基本单位，在表中可以存储不同的字段和数据记录。表的基本操作包括新建表、修改表和删除表。创建表的过程是规定数据列属性的过程，同时也是实现数据库数据完整性和约束性的过程。接下来介绍有关表的操作。

1.　创建表

创建表的基本格式如下所示。

```
create table 表名(
    字段名1 数据类型,
    字段名2 数据类型,
    …
    字段名n 数据类型
)表选项;
```

创建表格式关键字说明如表 3.7 所示。

表 3.7　　　　　　　　　　　　　　创建表格式关键字说明

关键字	说明
表名	表示需要创建的表的名称
字段名	表示数据列的名字
数据类型	指的是每列参数对应的数值类型，可以为 INT、CHAR、VARCHAR 等
表选项	代表在创建表时可以单独指定使用的存储引擎和默认的字符编码，例如：ENGINE=InnoDB DEFAULT CHARSET=utf8

在创建表之前需要使用"USE 数据库名"切换到要操作的数据库。

2.　创建表指定默认值

在表中设置列属性时，列可以指定默认值。在表中插入数据时如果未主动设置，则该列会自动添加默认值。基本用法如下。

```
create table tb1(
    id int not null ,
    age int not null default 20
);
```

在上方代码中 null 表示为空值，并不是字符串类型。not null 表示不为空值，在添加数据时必须给值。

3.　创建表指定自增

如果设置某列为自增列，插入数据时无须设置此列的值，默认此列的数值自增。需要注意，一个表中只能存在一个自增列。使用方法如下。

41

```
create table 表名(
    id int auto_increment primary key,
);
```

其中 auto_increment 表示自增，primary key 表示外键约束。数据表的创建如例 3-3 所示。

【例 3-3】 根据表 3.8 所示的相关信息，在数据库 qianfeng 中创建游戏角色信息表 stu。

表 3.8   游戏角色信息表 stu

字段名称	数据类型	备注说明
id	INT(10)	角色编号
name	VARCHAR(200)	角色姓名
gender	VARCHAR(200)	角色性别
age	INT(10)	角色年龄
text	VARCHAR(200)	角色评价

查看数据库 qianfeng 是否存在。如果存在，则进入 qianfeng 数据库来创建 stu 表；如果不存在，则创建 qianfeng 数据库。

```
mysql> show databases ;
+--------------------+
| Database           |
+--------------------+
| information_schema |
| mysql              |
| performance_schema |
| qianfeng           |
| sys                |
+--------------------+
6 rows in set (0.00 sec)

mysql> use qianfeng;
Database changed
```

出现 Database changed 提示表示已经成功切换到了数据库 qianfeng。接下来创建数据表 stu，SQL 语句如下所示。

```
mysql> create table stu(                          //创建数据库
    ->  id int auto_increment primary key,        //指定数值类型与自增
    ->  name varchar(200),
    ->  gender varchar(200)
    ->  age int(10),
    ->  text vachar(200) default '无'             //指定默认值
    -> )ENGINE=InnoDB DEFAULT CHARSET=utf8;        //指定字符编码和存储引擎
Query OK, 0 rows affected (0.08 sec)
```

此时可以查看数据表是否创建成功，使用 SHOW TABLES 语句即可。SQL 语句如下所示。

```
mysql> show tables;                               //查看库中有哪些表
+--------------------+
| Tables_in_qianfeng |
```

```
+-------------------+
| stu               |
+-------------------+
1 row in set (0.00 sec)
```

从上方代码的执行结果可看出，数据库 qianfeng 中已经成功创建 stu 表。

4. 查看数据表属性

数据表创建完成后，可以使用 SHOW CREATE TABLE 命令查看数据表的属性，其语法格式如下所示。

```
mysql> SHOW CREATE TABLE 表名;
```

查看前面创建的 stu 表，SQL 语句如下所示。

```
+-------+----------------------------------------------------------------
------------------------------------------------------------------------
------------------------------------------------------------------------
-------------------------------------------------------+
| Table | Create Table |
+-------+----------------------------------------------------------------
------------------------------------------------------------------------
------------------------------------------------------------------------
-------------------------------------------------------+
| stu   | CREATE TABLE 'stu' (
  'id' int(100) NOT NULL AUTO_INCREMENT,
  'name' varchar(200) DEFAULT NULL,
  'age' int(10) DEFAULT NULL,
  'text' varchar(200) DEFAULT '无',
  'gender' varchar(200) DEFAULT NULL,
  PRIMARY KEY ('id')
) ENGINE=InnoDB DEFAULT CHARSET=latin1 |
+-------+----------------------------------------------------------------
------------------------------------------------------------------------
------------------------------------------------------------------------
-------------------------------------------------------+
1 row in set (0.00 sec)
```

从上方执行结果中可看出，SHOW CREATE TABLE 不仅可以查看表中的列，还可以查看表的字符编码等信息，但是显示的格式非常混乱。可以在查询语句后加上参数 "\G" 进行格式化，SQL 语句如下所示。

```
mysql> show create table stu\G
*************************** 1. row ***************************
       Table: stu
Create Table: CREATE TABLE 'stu' (
  'id' int(100) NOT NULL AUTO_INCREMENT,
  'name' varchar(200) DEFAULT NULL,
  'age' int(10) DEFAULT NULL,
  'text' varchar(200) DEFAULT '无',
  'gender' varchar(200) DEFAULT NULL,
  PRIMARY KEY ('id')
) ENGINE=InnoDB DEFAULT CHARSET=latin1
1 row in set (0.00 sec)
```

执行结果中，显示的格式明显比先前整齐很多。另外，如果只想查看表中列的相关信息，可以使用 DESCRIBE 语句，语法格式如下所示。

```
mysql> DESCRIBE 表名;
```

还可以使用 DESCRIBE 的简写形式 DESC 进行查看，SQL 语句如下所示。

```
mysql> desc stu;
+--------+--------------+------+-----+---------+----------------+
| Field  | Type         | Null | Key | Default | Extra          |
+--------+--------------+------+-----+---------+----------------+
| id     | int(100)     | NO   | PRI | NULL    | auto_increment |
| name   | varchar(200) | YES  |     | NULL    |                |
| age    | int(10)      | YES  |     | NULL    |                |
| text   | varchar(200) | YES  |     | 无      |                |
| gender | varchar(200) | YES  |     | NULL    |                |
+--------+--------------+------+-----+---------+----------------+
5 rows in set (0.00 sec)
```

这两种查询方式结果是一样的，因此一般使用简写的方式来查询。

5. 删除数据表

在 MySQL 中使用 DROP TABLE 语句删除数据表中的内容和表结构，这里可以理解为彻底删除表，其语法格式如下所示。

```
mysql> DROP TABLE 表名;
```

将表 stu 删除，SQL 语句如下所示。

```
mysql> show tables;
+--------------------+
| Tables_in_qianfeng |
+--------------------+
| stu                |
+--------------------+
1 row in set (0.00 sec)

mysql> drop table stu;
Query OK, 0 rows affected (0.09 sec)

mysql> show tables;
Empty set (0.00 sec)
```

从上方代码的执行结果可以看出英雄信息表 stu 被成功删除。在实际生产环境中，需要对所删除的信息核对无误后再进行删除操作，此语句需谨慎执行，避免数据丢失。

3.5　表的高级操作

数据表基本结构创建完成后，即可在表中插入或者修改数据。插入数据可以分为向所有列插入数据、向指定的列插入数据、批量插入数据等。修改表可以分为修改表结构、修改表名或删除表中指定数据等。下面将详细介绍这些关于表的高级操作。

3.5.1　数据的插入

关系型数据库在操作数据时需要保持数据的一致性，在数据表中插入数据需要保持字段与值的一一对应，即一个字段对应一个值。MySQL 数据库插入数据使用 INSERT 语句，基本用法分为以下两种。

1. 为所有列插入数据

使用 INSERT 语句列出表的所有字段可以向表中插入数据，根据数据量不同分为以下两种情况。

（1）插入一条数据的语法格式如下。

```
INSERT INTO 表名(字段名1,字段名2,…) VALUES(值1,值2,…);
```

（2）同时插入多条数据的语法格式如下。

```
INSERT INTO 表名(字段名1,字段名2,…) VALUES(值1,值2,…),(值1,值2,…);
```

INSERT 语句格式中，"字段名 1,字段名 2"是数据表中的字段名称，VALUES 中的"值 1，值 2"是对应每个字段添加的数据。需要注意，这里必须列出表中所有字段的名称，且值的顺序、类型必须与语句中的字段名顺序对应。

2. 查看表内容

数据插入后可以通过 SELECT 指令查询表中的信息。语句的基本格式如下。

```
mysql> SELECT * FROM 表名;
```

插入和查看数据语句的基本使用方法如例 3-4 所示。

【例 3-4】　将表 3.9 所示的信息插入例 3-3 的 stu 表。

表 3.9　　　　　　　　　　　　　　　　游戏角色信息

角色姓名	角色性别	角色年龄	角色评价
九尾妖狐	女	20	法师
德玛西亚皇子	男	22	战士
剑圣	男	21	刺客
黑暗之女	女	23	法师
德玛西亚之力	男	24	战士

查看数据库 qianfeng 中是否存在 stu 表，SQL 语句操作流程如下所示。创建表的具体流程可以参照例 3-3。

```
mysql> use qianfeng;                        //使用数据库
Database changed
mysql> show tables;
+--------------------+
| Tables_in_qianfeng |
+--------------------+
| stu                |
+--------------------+
1 row in set (0.00 sec)
```

以上执行结果证明表创建完成，为了进一步验证，可以使用 DESC 查看库中的 stu 表的列属性，SQL 语句如下所示。

```
mysql> desc stu;                              //查看列属性
+---------+--------------+------+-----+---------+----------------+
| Field   | Type         | Null | Key | Default | Extra          |
+---------+--------------+------+-----+---------+----------------+
| id      | int(100)     | NO   | PRI | NULL    | auto_increment |
| name    | varchar(200) | YES  |     | NULL    |                |
| age     | int(10)      | YES  |     | NULL    |                |
| text    | varchar(200) | YES  |     | 无      |                |
| gender  | varchar(200) | YES  |     | NULL    |                |
+---------+--------------+------+-----+---------+----------------+
5 rows in set (0.00 sec)
```

从以上执行结果可看出，stu 数据表格式满足需求。接下来使用 INSERT 语句将表 3.9 中的信息插入 stu 表。

具体代码执行过程如下所示。

```
mysql> insert stu (                          //同时插入多条数据
    -> name,age,text,gender)
    -> values
    -> ('九尾妖狐',20,'法师','女'),
    -> ('德玛西亚皇子',22,'战士','男'),
    -> ('剑圣',21,'刺客','男'),
    -> ('黑暗之女',23,'法师','女'),
    -> ('德玛西亚之力',24,'战士','男');
Query OK, 5 row affected (0.07 sec)
```

上方代码的执行结果证明插入数据完成。为了进一步验证，使用 SELECT 语句查看 stu 表中的内容，SQL 语句如下所示。

```
mysql> select * from stu;                     //查看表中的内容
+----+--------------+------+--------+--------+
| id | name         | age  | text   | gender |
+----+--------------+------+--------+--------+
|  1 | 九尾妖狐     |   20 | 法师   | 女     |
|  2 | 德玛西亚皇子 |   22 | 战士   | 男     |
|  3 | 剑圣         |   21 | 刺客   | 男     |
|  4 | 黑暗之女     |   23 | 法师   | 女     |
|  5 | 德玛西亚之力 |   24 | 战士   | 男     |
+----+--------------+------+--------+--------+
5 rows in set (0.00 sec)
```

从以上执行结果可看出，stu 表中的数据成功插入。因为表中只插入了一条记录，所以只查询到了一条结果。

3. 为指定列插入数据

在实际场景中，遇到较多的情况是只需在表中添加某几个字段的数据，即为指定列插入数据，语法格式如下所示。

```
INSERT INTO 表名(字段名1,字段名3,…) VALUES(值1,值3,…);
```

从上面的代码可以看出，只需要对字段1、字段3进行数值插入，字段2不需要插入数据，在进行操作时字段 2 的值会默认设为空值。

为 stu 表插入数据，且只插入前四个字段的数据，SQL 语句如下所示。

```
mysql> insert into stu (name,text) values('卡牌大师','法师');
```

执行结果证明插入数据完成，为了进一步验证，可以使用 SELECT 语句查看 stu 表中的数据，SQL 语句如下所示。

```
mysql> select * from stu;
+----+------------------+------+--------+--------+
| id | name             | age  | text   | gender |
+----+------------------+------+--------+--------+
|  1 | 九尾妖狐          |   20 | 法师   | 女      |
|  2 | 德玛西亚皇子       |   22 | 战士   | 男      |
|  3 | 剑圣             |   21 | 刺客   | 男      |
|  4 | 黑暗之女          |   23 | 法师   | 女      |
|  5 | 德玛西亚之力       |   24 | 战士   | 男      |
|  6 | 卡牌大师          | NULL | 法师   | NULL   |
+----+------------------+------+--------+--------+
6 rows in set (0.00 sec)
```

从以上执行结果可看出，插入的第 6 条数据只有第 1 个字段和第 3 个字段有值，其他字段都是 NULL，即字段的默认值。

3.5.2　删除表内容

1. DELETE 语句

MySQL 中可以使用 DELETE 语句删除表中数据，语法格式如下所示。

```
DELETE FROM 表名 [WHERE 条件表达式];
```

WHERE 条件语句是可选的，用于指定要删除的数据满足的条件。通过 DELETE 语句可以实现删除全部数据或者删除部分数据，接下来对这两种情况进行详细讲解。

（1）使用 DELETE 删除全部数据

当 DELETE 语句中不使用 WHERE 条件语句时，将会删除表中全部数据。将 stu 表中所有数据都删除，首先使用 SELECT 语句查看表中的数据，SQL 语句如下所示。

```
mysql> select * from stu;
+----+------------------+------+--------+--------+
| id | name             | age  | text   | gender |
+----+------------------+------+--------+--------+
|  1 | 九尾妖狐          |   20 | 法师   | 女      |
|  2 | 德玛西亚皇子       |   22 | 战士   | 男      |
|  3 | 剑圣             |   21 | 刺客   | 男      |
|  4 | 黑暗之女          |   23 | 法师   | 女      |
|  5 | 德玛西亚之力       |   24 | 战士   | 男      |
|  6 | 卡牌大师          | NULL | 法师   | NULL   |
+----+------------------+------+--------+--------+
6 rows in set (0.00 sec)
```

从以上执行结果可看到表中一共 6 条数据，现在将表中全部数据删除，SQL 语句如下所示。

```
mysql> delete from stu;
Query OK, 6 rows affected (0.03 sec)
```

如上执行结果说明删除成功。为了进一步验证，可以使用 SELECT 语句查看表中的数据，SQL 语句如下所示。

```
mysql> select * from stu;
Empty set (0.00 sec)
```

从以上执行结果可看到表中已经没有数据，证明删除成功。

（2）使用 WHERE 条件删除部分数据

前面讲解了删除全部数据的方法，但在实际开发中大多数需求是删除表中的部分数据，使用 WHERE 子句可以指定删除数据的条件。

【例 3-5】 将 stu 表中 name 为"德玛西亚之力"的角色信息删除。

```
mysql> delete from stu where name='德玛西亚之力';
Query OK, 1 row affected (0.03 sec)
```

以上执行结果说明成功删除了一条数据。为了进一步验证，可以使用 SELECT 语句查看 stu 表中的数据，SQL 语句如下所示。

```
mysql> select * from stu;
+----+------------------+------+--------+--------+
| id | name             | age  | text   | gender |
+----+------------------+------+--------+--------+
|  1 | 九尾妖狐         |   20 | 法师   | 女     |
|  2 | 德玛西亚皇子     |   22 | 战士   | 男     |
|  3 | 剑圣             |   21 | 刺客   | 男     |
|  4 | 黑暗之女         |   23 | 法师   | 女     |
|  6 | 卡牌大师         | NULL | 法师   | NULL   |
+----+------------------+------+--------+--------+
5 rows in set (0.00 sec)
```

从以上执行结果可看到，stu 表中 name 为"德玛西亚之力"的信息记录已经被删除。

【例 3-6】 将 stu 表中 age 小于 21 的角色信息删除。

```
mysql> delete from stu where age<21;
Query OK, 1 row affected (0.03 sec)
```

使用 SELECT 语句查看 stu 表中的数据进行验证。

```
mysql> select * from stu;
+----+------------------+------+--------+--------+
| id | name             | age  | text   | gender |
+----+------------------+------+--------+--------+
|  2 | 德玛西亚皇子     |   22 | 战士   | 男     |
|  3 | 剑圣             |   21 | 刺客   | 男     |
|  4 | 黑暗之女         |   23 | 法师   | 女     |
|  6 | 卡牌大师         | NULL | 法师   | NULL   |
+----+------------------+------+--------+--------+
4 rows in set (0.00 sec)
```

从以上执行结果可看到，stu 表中 age 小于 21 的信息记录已经被删除。

2. TRUNCATE 语句

MySQL 中还有一种方式可以删除表中的所有数据，这种方式需要用到 TRUNCATE 关键字，语法格式如下所示。

```
mysql> TRUNCATE [TABLE] 表名;
```

接下来演示 TRUNCATE 语句的使用。

利用 TRUNCATE 关键字将 stu 表中所有数据删除。

```
mysql> truncate table stu;
Query OK, 0 rows affected (0.18 sec)
```

使用 SELECT 语句查看 stu 表中的数据。

```
mysql> select * from stu;
Empty set (0.00 sec)
```

从以上执行结果可看到，stu 表中全部数据成功删除。

TRUNCATE 语句和 DELETE 语句都能实现删除表中的所有数据，但两者是有一定区别的，它们的区别如下。

（1）DELETE 语句是 DML 语句，TRUNCATE 语句通常被认为是 DDL 语句。

（2）DELETE 语句后面可以跟 WHERE 子句，指定条件从而实现删除部分数据；TRUNCATE 语句只能用于删除表中所有的数据。

（3）使用 TRUNCATE 语句删除表中数据后，再次向表中添加记录时，自增的字段值默认重置为 1；而使用 DELETE 语句删除表中数据后，再次向表中添加记录时，自增的字段值为删除时该字段的最大值加 1。

3.5.3 修改数据表

前面讲解了如何创建和查看数据表，在实际开发中，数据表创建完成后，可能会对数据表的表名、表中的字段名、字段的数据类型等进行修改。接下来对数据表的修改进行详细讲解。

1. 修改表名

在 MySQL 中，修改表名的语法格式如下所示。

```
ALTER TABLE 原表名 RENAME [TO] 新表名;
```

关键字 TO 是可选的，是否写 TO 关键字不会影响 SQL 语句的执行，一般忽略不写。接下来通过具体实例演示表名的修改。

【例 3-7】 将例 3-3 中创建的 stu 表的表名修改为 student。

```
mysql> alter table stu rename student;
Query OK, 0 rows affected (0.00 sec)
```

使用 SHOW TABLES 语句进行验证。

```
mysql> show tables;
+-------------------+
```

```
| Tables_in_qianfeng |
+--------------------+
| student            |
+--------------------+
1 row in set (0.00 sec)
```

从以上执行结果可看出，stu 表名成功修改为 student。

2. 修改字段名

数据表中的字段名也时常有变更的需求，修改字段名的语法格式如下所示。

```
ALTER TABLE 表名 CHANGE 原字段名 新字段名 新数据类型;
```

接下来通过具体实例演示字段名的修改。

【例 3-8】 将 student 表中的 text 字段修改为 type 字段，数据类型为 VARCHAR(200)。

```
mysql> alter table student change text type varchar(200);
Query OK, 0 rows affected (0.00 sec)
Records: 0  Duplicates: 0  Warnings: 0
```

如上执行结果证明字段名修改完成。使用 DESC 查看 student 表进行验证。

```
mysql> desc student;
+--------+--------------+------+-----+---------+----------------+
| Field  | Type         | Null | Key | Default | Extra          |
+--------+--------------+------+-----+---------+----------------+
| id     | int(100)     | NO   | PRI | NULL    | auto_increment |
| name   | varchar(200) | YES  |     | NULL    |                |
| age    | int(10)      | YES  |     | NULL    |                |
| type   | varchar(200) | YES  |     | NULL    |                |
| gender | varchar(200) | YES  |     | NULL    |                |
+--------+--------------+------+-----+---------+----------------+
5 rows in set (0.00 sec)
```

从以上执行结果可看出，student 表中的 text 字段成功修改为 type 字段。

3. 修改字段的数据类型

上面讲解了如何修改表中的字段名，但有时并不需要修改字段名，只需修改字段的数据类型。修改表中字段数据类型的语法格式如下所示。

```
ALTER TABLE 表名 MODIFY 字段名 数据类型;
```

【例 3-9】 将 student 表中的 gender 字段的数据类型修改为 CHAR。

```
mysql> alter table student modify gender char(200);
Query OK, 4 rows affected (0.02 sec)
Records: 4  Duplicates: 0  Warnings: 0
```

如上执行结果证明字段数据类型修改完成。为了进一步验证，可以使用 DESC 查看 student 表。

```
mysql> desc student;
+--------+--------------+------+-----+---------+----------------+
| Field  | Type         | Null | Key | Default | Extra          |
+--------+--------------+------+-----+---------+----------------+
| id     | int(100)     | NO   | PRI | NULL    | auto_increment |
| name   | varchar(200) | YES  |     | NULL    |                |
| age    | int(10)      | YES  |     | NULL    |                |
```

```
| type   | varchar(200) | YES  |     | NULL    |                 |
| gender | char(200)    | YES  |     | NULL    |                 |
+--------+--------------+------+-----+---------+-----------------+
5 rows in set (0.00 sec)
```

从以上执行结果可看出，student 表中的 gender 字段数据类型成功修改为 CHAR。

4. 添加字段

在实际开发中，随着需求的扩展，表中可能需要添加字段。MySQL 中添加字段的语法格式如下所示。

```
ALTER TABLE 表名 ADD 新字段名 数据类型;
```

【例 3-10】　在 student 表中添加 power 字段，数据类型为 VARCHAR(100)。

```
mysql> alter table student add power varchar(100);
Query OK, 0 rows affected (0.13 sec)
Records: 0  Duplicates: 0  Warnings: 0
```

使用 DESC 查看 student 表进行验证。

```
mysql> desc student;
+--------+--------------+------+-----+---------+-----------------+
| Field  | Type         | Null | Key | Default | Extra           |
+--------+--------------+------+-----+---------+-----------------+
| id     | int(100)     | NO   | PRI | NULL    | auto_increment  |
| name   | varchar(200) | YES  |     | NULL    |                 |
| age    | int(10)      | YES  |     | NULL    |                 |
| type   | varchar(200) | YES  |     | NULL    |                 |
| gender | char(200)    | YES  |     | NULL    |                 |
| power  | varchar(100) | YES  |     | NULL    |                 |
+--------+--------------+------+-----+---------+-----------------+
6 rows in set (0.00 sec)
```

从以上执行结果可看出，student 表中添加了 power 字段，并且该字段的数据类型为 VARCHAR(100)。

5. 删除字段

删除表中某一字段也是很可能出现的需求，MySQL 中删除字段的语法格式如下所示。

```
ALTER TABLE 表名 DROP 字段名;
```

【例 3-11】　将 student 表中 power 字段删除。

```
mysql> alter table student drop power;
Query OK, 0 rows affected (0.03 sec)
Records: 0  Duplicates: 0  Warnings: 0
```

如上执行结果证明字段删除成功。为了进一步验证，可以使用 DESC 查看 student 表，SQL 语句如下所示。

```
mysql> desc student;
+--------+--------------+------+-----+---------+-----------------+
| Field  | Type         | Null | Key | Default | Extra           |
+--------+--------------+------+-----+---------+-----------------+
| id     | int(100)     | NO   | PRI | NULL    | auto_increment  |
```

```
| name    | varchar(200) | YES  |     | NULL  |               |
| age     | int(10)      | YES  |     | NULL  |               |
| type    | varchar(200) | YES  |     | NULL  |               |
| gender  | char(200)    | YES  |     | NULL  |               |
+--------+--------------+------+-----+--------+---------------+
5 rows in set (0.00 sec)
```

从以上执行结果可看出，student 表中删除了 power 字段。

6. 修改字段的排列位置

在创建表时，表中字段的位置就已经确定，如果要修改表中字段的位置，同样需要使用 ALTER TABLE 来修改。MySQL 中修改字段排列位置的语法格式如下所示。

```
ALTER TABLE 表名 MODIFY 字段名1 数据类型 FIRST|AFTER 字段名2;
```

"字段名 1" 是要修改位置的字段；FIRST 是可选参数，表示将字段 1 修改为表的第一个字段；"AFTER 字段名 2" 表示将字段 1 插到字段 2 的后面。

【例 3-12】 将 student 表中 name 字段放到 gender 字段后面。

```
mysql> alter table student modify name varchar(200) after gender ;
Query OK, 0 rows affected (0.03 sec)
Records: 0  Duplicates: 0  Warnings: 0
```

使用 DESC 查看 student 表进行验证。

```
mysql> desc student;
+--------+--------------+------+-----+--------+----------------+
| Field  | Type         | Null | Key | Default | Extra          |
+--------+--------------+------+-----+--------+----------------+
| id     | int(100)     | NO   | PRI | NULL   | auto_increment |
| age    | int(10)      | YES  |     | NULL   |                |
| type   | varchar(200) | YES  |     | NULL   |                |
| gender | char(200)    | YES  |     | NULL   |                |
| name   | varchar(200) | YES  |     | NULL   |                |
+--------+--------------+------+-----+--------+----------------+
5 rows in set (0.00 sec)
```

从以上执行结果可看出，student 表中 name 字段排列在 gender 字段后面了。

3.5.4 更新数据

计算机随着时间的变化对数据进行不断的处理，数据不会保持一成不变。在 MySQL 中使用 UPDATE 语句可以更新表中的数据，语法格式如下所示。

```
UPDATE 表名
SET 字段名1=值1 ,字段名2=值2,…
[WHERE 条件表达式];
```

如上语法格式中，"字段名" 用于指定要更新的字段名称，"值" 用于表示字段的新数据，如果要更新多个字段的值，可以用逗号分隔多个字段和值；WHERE 条件表达式是可选的，用于指定更新数据需要满足的条件。UPDATE 语句可以更新表中的全部数据或部分数据，接下来对这两种情况进行详细讲解。

1. 更新全部数据

当 UPDATE 语句中不使用 WHERE 条件语句时，表中所有数据的指定字段会全部更新。

【例 3-13】　将 student 表中的所有表示年龄的 age 字段更新为 30。

```
mysql> select * from student;
+----+------+--------+--------+-------------------+
| id | age  | type   | gender | name              |
+----+------+--------+--------+-------------------+
|  2 |   22 | 战士   | 男     | 德玛西亚皇子      |
|  3 |   21 | 刺客   | 男     | 剑圣              |
|  4 |   23 | 法师   | 女     | 黑暗之女          |
|  6 | NULL | 法师   | NULL   | 卡牌大师          |
+----+------+--------+--------+-------------------+
4 rows in set (0.00 sec)
```

从以上执行结果可看到，表中共有 4 条数据，现在要将所有表示年龄的 age 字段更新为 30，SQL 语句如下所示。

```
mysql> update student set age=30;
Query OK, 4 rows affected (0.04 sec)
Rows matched: 4  Changed: 4  Warnings: 0
```

从执行结果可看到，执行完成后提示 "Changed：4"，说明成功更新了 4 条数据。为了进一步验证，可以使用 SELECT 语句查看表中的数据。

```
mysql> select * from student;
+----+------+--------+--------+-------------------+
| id | age  | type   | gender | name              |
+----+------+--------+--------+-------------------+
|  2 |   30 | 战士   | 男     | 德玛西亚皇子      |
|  3 |   30 | 刺客   | 男     | 剑圣              |
|  4 |   30 | 法师   | 女     | 黑暗之女          |
|  6 |   30 | 法师   | NULL   | 卡牌大师          |
+----+------+--------+--------+-------------------+
4 rows in set (0.00 sec)
```

从以上执行结果可看到，表中所有的 age 字段都更新为 30，证明更新成功。

2. 更新部分数据

在实际开发中，大多数需求是更新表中的部分数据，这里就要使用到 WHERE 子句来指定更新数据的条件。

【例 3-14】　将 student 表中 "德玛西亚皇子" 的年龄值修改为 50。

将 "德玛西亚皇子" 的年龄值改为 50，也就是将 age 字段修改为 50，SQL 语句如下所示。

```
mysql> update student set age=50 where name='德玛西亚皇子';
Query OK, 0 rows affected (0.00 sec)
Rows matched: 0  Changed: 0  Warnings: 0
```

从执行结果可看到，执行完成后提示 "Changed：1"，说明成功更新了 1 条数据。为了进一步验证，可以使用 SELECT 语句查看表中的数据，SQL 语句如下所示。

```
mysql> select * from student;
+----+------+--------+--------+-------------------+
| id | age  | type   | gender | name              |
+----+------+--------+--------+-------------------+
| 2  | 50   | 战士   | 男     | 德玛西亚皇子       |
| 3  | 30   | 刺客   | 男     | 剑圣              |
| 4  | 30   | 法师   | 女     | 黑暗之女          |
| 6  | 30   | 法师   | NULL   | 卡牌大师          |
+----+------+--------+--------+-------------------+
4 rows in set (0.00 sec)
```

从以上执行结果可看到，student 表中，"德玛西亚皇子"的年龄值变成了 50。

【例 3-15】 将 student 表中所有男性的年龄值在原有基础上增加 5。

SQL 语句的执行过程如下所示。

```
mysql> update student set age=age+5 where gender='男';
Query OK, 2 rows affected (0.00 sec)
Rows matched: 2  Changed: 2  Warnings: 0
```

从执行结果可看到，执行完成后提示"Changed：2"，说明成功更新了 2 条数据。为了进一步验证，可以使用 SELECT 语句查看 student 表中的数据。

```
mysql> select * from student;
+----+------+--------+--------+-------------------+
| id | age  | type   | gender | name              |
+----+------+--------+--------+-------------------+
| 2  | 55   | 战士   | 男     | 德玛西亚皇子       |
| 3  | 35   | 刺客   | 男     | 剑圣              |
| 4  | 30   | 法师   | 女     | 黑暗之女          |
| 6  | 30   | 法师   | NULL   | 卡牌大师          |
+----+------+--------+--------+-------------------+
4 rows in set (0.00 sec)
```

从以上执行结果可看到，student 表中所有 age 字段的值增加了 5。

3.6　本章小结

本章主要讲解了 MySQL 数据库中的数据操作，涉及数据类型、存储引擎、库与表的增、删、改等操作。读者应该重点掌握 SQL 语句在数据库中的使用方法与格式，以及使用 SQL 语句创建数据库和表、修改数据表的列属性、添加和修改数据的方法。本章中介绍的方法读者应该多练习，通过实践提升自己的能力。

3.7　习题

1. 填空题

（1）MySQL 从数据表中查询数据的基础语句是＿＿＿＿＿＿＿＿语句。

（2）SELECT 语句可以指定字段，根据指定字段查询表中＿＿＿＿＿＿＿＿。

（3）在 SELECT 语句中可以使用_____指定查询条件，从而查询出筛选后的数据。

（4）CHAR 类型用于_____，并且必须在圆括号内用一个大小修饰符来定义。

（5）MySQL 中不同的数值类型对应的字节大小和_____是不同的。

2．选择题

（1）下列不属于数值类型的是（　　　）。

A．TINYINT　　　　　B．ENUM　　　　　C．BIGINT　　　　　D．FLOAT

（2）下列不属于字符串类型的是（　　　）。

A．REAL　　　　　　B．CHAR　　　　　C．BLOB　　　　　D．VARCHAR

（3）下列创建数据库的操作正确的是（　　　）。

A．CREATE qianfeng；　　　　　　B．CREATE DATABASE Qianfeng；

C．DATABASE Qianfeng；　　　　　D．qianfeng CREATE；

（4）创建表的关键字有（　　　）。

A．CREATE TABLE　　　　　　　B．SHOW CREATE TABLE

C．DESCRIBE　　　　　　　　　D．ALTERT TABLE

（5）不属于日期时间类型的是（　　　）。

A．DATE　　　　　　B．YEAR　　　　　C．NUMBERIC　　　　　D．TIMESTAMP

3．简答题

（1）MySQL 支持的数值类型有哪些？

（2）MySQL 支持的数值类型怎么分类？

（3）MySQL 如何修改表中的字段？

第 4 章　数据库单表查询

本章学习目标

- 掌握使用 SQL 语句进行基础查询的方法
- 掌握 SQL 语句中不同条件的表达方式
- 熟练使用高级的查询方式对数据进行查询分析

在购物网站中，后端的数据库存放着数以千计的商品信息。每当用户浏览商品时，数据库都会进行大量的 SELECT 操作来查询相关数据。另外，用户也可以通过在网站页面的搜索框中检索关键字来达到更快的搜索效果。在实际工作中，对数据查询的需求也比对数据增、删、改的需求更多。本章详细讲解数据查询的相关内容。

4.1　基础查询

MySQL 数据库中通过 SELECT 语句查询数据，该语句支持添加多种条件与参数，语句的基础格式如下所示。

```
SELECT 字段名1,字段名2,… FROM 表名;
```

下面详细讲解 SELECT 语句的使用方法。

4.1.1　创建基本的数据表环境

在讲解查询语句前，首先创建 4 个数据表并插入数据，用于后面例题的演示。为了与前面章节中创建的表进行区分，这里将新建一个名为 Chapter_Four 的数据库，并在该库中分别创建学生表 student、课程表 course、成绩表 score 和老师表 teacher，其中学生表 student 的结构如表 4.1 所示。

表 4.1　　　　　　　　　　　student 表结构

字段	字段类型	说明
sid	CHAR(6)	学生学号
sname	VARCHAR(50)	学生姓名
age	INT(11)	学生年龄
gender	VARCHAR(50)	学生性别

创建数据库 Chapter_Four，具体的 SQL 语句如下所示。

```
mysql> create database Chapter_Four;
Query OK, 1 row affected (0.00 sec)

mysql> use Chapter_Four;
Database changed
```

根据表 4.1 中提供的表结构在 Chapter_Four 库中创建学生表，具体的 SQL 语句如下所示。

```
create table student (
    sid char(6) comment '学生学号',
    sname varchar(50) comment '学生姓名',
    age int(11) comment '学生年龄',
    gender varchar(50) comment '学生性别'
);
```

student 表创建完成后，接下来便可以将数据插入表。此处根据表 4.2 所示的数据内容进行操作，读者也可以自定义表中的数据。

表 4.2　　　　　　　　　　　　　　student 表内容

学生学号	学生姓名	学生年龄	学生性别
1001	liwei	22	男
1002	zhaohang	23	男
1003	liuyi	21	女
1004	wangwu	24	男
1005	sunrei	21	女
1006	zhouyan	20	女
1007	tianqiang	19	男
1008	moyan	23	女
1009	dinghao	19	男
1010	ludashi	22	男
1011	dongxiaojie	25	女

根据表 4.2 提供的信息将相关数据插入表，具体的 SQL 语句如下所示。

```
insert into student (sid,sname,age,gender) values
    ('1001', 'liwei', 22, 'male'),
    ('1002', 'zhaohang', 23, 'male'),
    ('1003', 'liuyi', 21, 'female'),
    ('1004', 'wangwu', 24, 'male'),
    ('1005', 'sunrei', 21, 'female'),
    ('1006', 'zhouyan', 20, 'female'),
    ('1007', 'tianqiang', 19, 'male'),
    ('1008', 'moyan', 23, 'female'),
    ('1009', 'dinghao', 19, 'male'),
    ('1010', 'ludashi', 22, 'male'),
    ('1011', 'dongxiaojie', 25, 'female');
```

学生表创建完成后，接下来创建课程表 course，其结构如表 4.3 所示。

表 4.3   **课程表 course 表结构**

字段	字段类型	说明
cid	INT	课程编号
cname	VARCHAR(200)	课程名称
tid	INT	任教老师编号

创建课程表 course，具体的 SQL 语句如下所示。

```
create table course (
    cid int comment '课程编号',
    cname varchar(200) comment '课程名称',
    tid int comment '任教老师编号'
) engine=innodb default charset=utf8;
```

表 4.3 中列出了课程表 course 的字段、字段类型和说明，接下来根据表 4.4 所示的内容将数据插入课程表 course。course 表内容如表 4.4 所示。

表 4.4   **course 表内容**

课程编号	课程名称	任教老师编号
1	英语	5
2	高等数学	2
3	计算机网络原理	7
4	网络安全	1
5	体育	3
6	音乐与艺术	9
7	电子信息技术	4
8	互联网管理	6
9	思想道德基础与法律修养	8

接下来将相关数据插入课程表，具体的 SQL 语句如下所示。

```
insert into course (cid,cname,tid)  values
    (1,'英语',5),
    (2,'高等数学',2),
    (3,'计算机网络原理',7),
    (4,'网络安全',1),
    (5,'体育',3),
    (6,'音乐与艺术',9),
    (7,'电子信息技术',4),
    (8,'互联网管理',6),
    (9,'思想道德基础与法律修养',8);
```

课程表创建完成后，接下来创建成绩表 score，表结构如表 4.5 所示，表内容如表 4.6 所示。

表 4.5　　　　　　　　　　　　　　　　score 表结构

字段	字段类型	说明
sid	INT	学生学号
cid	INT	课程编号
score	INT	成绩

表 4.6　　　　　　　　　　　　　　　　score 表内容

学生编号	课程编号	成绩
1002	2	82
1003	5	74
1003	3	92
1004	6	73
1005	8	91
1006	9	73
1008	7	62
1008	2	81
1009	1	77
1010	4	69
1011	7	62
1001	6	71
1007	3	66
1003	4	92
1003	9	86
1005	5	70
1009	7	80
1002	7	61
1010	3	87
1009	8	59

根据表 4.5 创建相关表，具体的 SQL 语句如下所示。

```
create table score (
    sid int comment '学生学号',
    cid int comment '课程编号',
    score int comment '成绩'
);
```

根据表 4.6 提供的内容将数据插入成绩表，具体的 SQL 语句如下所示。

```
insert into score (sid,cid,score) values
    (1002,2, 82),
    (1003,5, 74),
    (1003,3, 92),
    (1004,6, 73),
    (1005,8, 91),
    (1006,9, 73),
    (1008,7, 62),
    (1008,2, 81),
    (1009,1, 77),
    (1010,4, 69),
    (1011,7, 62),
    (1001,6, 71),
    (1007,3, 66),
    (1003,4, 92),
    (1003,9, 86),
    (1005,5, 70),
    (1009,7, 80),
    (1002,7, 61),
    (1010,3, 87),
    (1009,8, 59);
```

最后创建老师表 teacher，表结构如表 4.7 所示，表内容如表 4.8 所示。

表 4.7   teacher 表结构

字段	字段类型	说明
tid	INT	老师编号
tname	VARCHAR(200)	老师姓氏

表 4.8   teacher 表内容

老师编号	老师姓氏
1	周老师
2	王老师
3	董老师
4	李老师
5	黄老师
6	闫老师
7	刘老师
8	杨老师
9	田老师

根据表 4.7 提供的表结构创建 teacher 表，具体 SQL 语句如下所示。

```
create table teacher (
    tid int comment '老师编号',
    tname varchar(200) comment '老师姓氏'
) engine=innodb default charset=utf8;
```

根据表 4.8 提供的表内容向 teacher 表中插入数据，具体 SQL 语句如下所示。

```
insert into teacher (tid,tname)  values
    (1,'周老师'),
    (2,'王老师'),
    (3,'董老师'),
    (4,'李老师'),
    (5,'黄老师'),
    (6,'闫老师'),
    (7,'刘老师'),
    (8,'杨老师'),
    (9,'田老师');
```

数据插入成功后使用 SHOW 命令查看创建完成的表。

```
mysql> show tables;
+----------------------+
| Tables_in_Chapter_Four |
+----------------------+
| course               |
| score                |
| student              |
| teacher              |
+----------------------+
4 rows in set (0.00 sec)
```

至此，4 张表创建完成，下面将针对这些表进行相关的查询操作。

4.1.2　查询所有字段

查询表中所有字段对应的数据就相当于查询整个表，其语法有以下两种格式。

1. 格式一

SELECT 字段名 1,字段名 2,…,字段名 N FROM 表名;

在以上语法格式中，如果查询时指定的字段顺序与数据表中的字段顺序不一致，那么查询出来的结果集会按指定的字段顺序显示。

接下来通过具体实例演示这种情况。

【例 4-1】 查询 student 表中的数据，并将查询结果集按照与数据表中字段顺序相反的顺序显示。

```
mysql> desc student;
+--------+-------------+------+-----+---------+-------+
| Field  | Type        | Null | Key | Default | Extra |
+--------+-------------+------+-----+---------+-------+
| sid    | char(6)     | YES  |     | NULL    |       |
| sname  | varchar(50) | YES  |     | NULL    |       |
| age    | int(11)     | YES  |     | NULL    |       |
| gender | varchar(50) | YES  |     | NULL    |       |
+--------+-------------+------+-----+---------+-------+
4 rows in set (0.00 sec)
```

从上方语句的执行结果可以看出，student 表中字段的顺序为 sid、sname、age、gender。接下来将对字段进行相反的排序。

```
mysql> select gender,age,sname,sid from student;
+--------+------+------------+------+
| gender | age  | sname      | sid  |
+--------+------+------------+------+
| male   |   22 | liwei      | 1001 |
| male   |   23 | zhaohang   | 1002 |
| female |   21 | liuyi      | 1003 |
| male   |   24 | wangwu     | 1004 |
| female |   21 | sunrei     | 1005 |
| female |   20 | zhouyan    | 1006 |
| male   |   19 | tianqiang  | 1007 |
| female |   23 | moyan      | 1008 |
| male   |   19 | dinghao    | 1009 |
| male   |   22 | ludashi    | 1010 |
| female |   25 | dongxiaojie| 1011 |
+--------+------+------------+------+
12 rows in set (0.00 sec)
```

从以上执行结果可看到，student 表中的数据都被查询并显示出来，显示的字段顺序与数据表中字段顺序相反。

2. 格式二

在格式一中，如果表中存在较多的字段，查询表内容时会比较烦琐，而且出错的概率也比较大。因此，MySQL 提供了通配符 "*" 来代替所有的字段名，便于书写 SQL 语句。具体的语句格式如下所示。

```
SELECT * FROM 表名;
```

接下来将通过具体实例演示 SELECT 语句中通配符的使用。

【例 4-2】 利用通配符 "*" 查询 teacher 表中的所有数据。

```
mysql> select * from teacher;
+------+-----------+
| tid  | tname     |
+------+-----------+
|    1 | 周老师    |
|    2 | 王老师    |
|    3 | 董老师    |
|    4 | 李老师    |
|    5 | 黄老师    |
|    6 | 闫老师    |
|    7 | 刘老师    |
|    8 | 杨老师    |
|    9 | 田老师    |
+------+-----------+
9 rows in set (0.00 sec)
```

从以上结果可以看出使用通配符查询出了表中的数据。需要注意，这种查询方式虽然简单快捷，但是不能自定义字段的位置。

4.1.3 查询指定字段

SELECT 语句不仅可以查看所有字段值，而且还可以查询表中指定字段对应的值，语法格式如下所示。

```
SELECT 字段名 1,字段名 2 FROM 表名
```

下面通过具体实例演示使用 SELECT 语句查询指定字段。

【例 4-3】　查询 score 表中字段 sid 和字段 score 所有对应的值。

```
mysql> select sid,score from score;
+------+-------+
| sid  | score |
+------+-------+
| 1002 |    82 |
| 1003 |    74 |
| 1003 |    92 |
| 1004 |    73 |
| 1005 |    91 |
| 1006 |    73 |
| 1008 |    62 |
| 1008 |    81 |
| 1009 |    77 |
| 1010 |    69 |
| 1011 |    62 |
| 1001 |    71 |
| 1007 |    66 |
| 1003 |    92 |
| 1003 |    86 |
| 1005 |    70 |
| 1009 |    80 |
| 1002 |    61 |
| 1010 |    87 |
| 1009 |    59 |
+------+-------+
20 rows in set (0.00 sec)
```

从以上执行结果可看到，查询出的结果集中只存在 sid 和 score 两个字段，证明指定字段查询成功。

4.2　条件查询

MySQL 支持通过在句中加入条件选项查询指定数据，如某个年龄段的学生、分数在某个区间的学生等。接下来详细介绍条件查询语句的使用方法。

4.2.1　关系运算符

在 SELECT 语句中可以使用 WHERE 子句指定查询条件，从而查询出筛选后的数据，语法格式如下所示。

```
SELECT 字段名 1,字段名 2,… FROM 表名 WHERE 条件表达式;
```

语法格式中，"字段名 1,字段名 2,…"表示需要查询的字段名称，条件表达式表示过滤筛选数据的条件。MySQL 中提供了一系列关系运算符，这些关系运算符可以用在条件表达式中过滤数据。常见的关系运算符如表 4.9 所示。

表 4.9   关系运算符

关系运算符	说明
=	等于
!=	不等于
<>	不等于
<	小于
<=	小于等于
>	大于
>=	大于等于

表 4.9 中列出了常见的关系运算符，其中"!="和"<>"都表示不等于，但由于有些关系型数据库不支持"!="运算符，因此在 MySQL 中建议使用"<>"运算符。下面将通过具体实例演示关系运算符的基本使用方法。

【例 4-4】 在 student 表中查询性别为男性的所有学生信息。

```
mysql> select * from student where gender='male';
+------+-----------+------+--------+
| sid  | sname     | age  | gender |
+------+-----------+------+--------+
| 1001 | liwei     |   22 | male   |
| 1002 | zhaohang  |   23 | male   |
| 1004 | wangwu    |   24 | male   |
| 1007 | tianqiang |   19 | male   |
| 1009 | dinghao   |   19 | male   |
| 1010 | ludashi   |   22 | male   |
+------+-----------+------+--------+
6 rows in set (0.00 sec)
```

从以上执行结果可看出，表 student 中男性学生为 6 名。在例 4-4 中，因为 gender 字段为字符串类型，为了保持输出一致，需在查询条件的字符串上使用单引号。

4.2.2 多条件查询

在查询数据时常常会遇到需要查询满足多个条件的数据，接下来将详细介绍多条件查询语句中的关键字和使用方法。

1. AND 关键字

在 MySQL 中使用 SELECT 查询满足多种条件的数据时，可以用 AND 关键字连接查询条件，具体语法格式如下所示。

```
SELECT 字段名1,字段名2, … FROM 表名 WHERE 条件表达式1 AND 条件表达式2 …;
```

上述语法格式中，WHERE 子句后可以写多个条件表达式，表达式之间用 AND 连接。下面通过具体实例演示 AND 关键字的使用方法。

【例 4-5】 在 student 表中查询年龄在 20~23 岁的女学生信息。

题目中存在 3 个条件，分别为年龄大于 20、年龄小于 23 和学生性别为女性，所以需要在 WHERE 子句中使用两个 AND 关键字进行条件连接，具体 SQL 语句如下所示。

```
mysql> select * from student where age<=23 and age>=20 and gender='female';
+------+---------+------+--------+
| sid  | sname   | age  | gender |
+------+---------+------+--------+
| 1003 | liuyi   |   21 | female |
| 1005 | sunrei  |   21 | female |
| 1006 | zhouyan |   20 | female |
| 1008 | moyan   |   23 | female |
+------+---------+------+--------+
4 rows in set (0.00 sec)
```

以上查询结果显示，student 表中年龄在 20～23 岁且是女学生的有 4 位。

2. OR 关键字

AND 关键字表示"与"（＆），即同时满足多个条件。MySQL 还提供了 OR 关键字，表示"或"（‖），也可以连接多个查询条件，但是过滤时只要满足其中一个查询条件即可，具体语法格式如下所示。

```
SELECT 字段名1,字段名2,… FROM 表名 WHERE 条件表达式1 OR 条件表达式2 …;
```

下面将通过具体实例介绍 OR 关键字的使用方法。

【例 4-6】　在 student 表中查询年龄小于 20 岁或者年龄大于 25 岁的学生。

```
mysql> select * from student where age<20 or age>25;
+------+-----------+------+--------+
| sid  | sname     | age  | gender |
+------+-----------+------+--------+
| 1007 | tianqiang |   19 | male   |
| 1009 | dinghao   |   19 | male   |
+------+-----------+------+--------+
2 rows in set (0.00 sec)
```

从以上执行结果可看到，因为在 student 表中不存在年龄大于 25 岁的学生，所以只查出了两条年龄小于 20 岁的学生信息。

3. IN 和 NOT IN 关键字

MySQL 提供了 IN 关键字和 NOT IN 关键字，用于判断某个字段是否在指定集合中，如果不满足条件，数据则会被过滤掉，具体语法格式如下所示。

```
SELECT 字段名1,字段名2,… FROM 表名 WHERE 字段名 [NOT] IN(元素1,元素2,…);
```

语法格式中，WHERE 子句中的字段名表示要过滤的字段。[NOT]为可选项，表示不在集合范围中。下面通过具体实例来演示 IN 关键字和 NOT IN 关键字的用法。

【例 4-7】　在 student 表中查询学号为 1001、1002 和 1003 的学生信息。

```
mysql> select * from student where sid in(1001,1002,1003);
+------+-----------+------+--------+
| sid  | sname     | age  | gender |
+------+-----------+------+--------+
| 1001 | liwei     |   22 | male   |
| 1002 | zhaohang  |   23 | male   |
| 1003 | liuyi     |   21 | female |
+------+-----------+------+--------+
3 rows in set (0.00 sec)
```

从以上执行结果可看到，使用 IN 关键字查出了学号为 1001、1002 和 1003 的学生信息。

【例 4-8】 在 student 表中查询学号不为 1001、1002 和 1003 的学生信息。

```
mysql> select * from student where sid not in(1001,1002,1003);
+------+-------------+------+--------+
| sid  | sname       | age  | gender |
+------+-------------+------+--------+
| 1004 | wangwu      |   24 | male   |
| 1005 | sunrei      |   21 | female |
| 1006 | zhouyan     |   20 | female |
| 1007 | tianqiang   |   19 | male   |
| 1008 | moyan       |   23 | female |
| 1009 | dinghao     |   19 | male   |
| 1010 | ludashi     |   22 | male   |
| 1011 | dongxiaojie |   25 | female |
+------+-------------+------+--------+
8 rows in set (0.00 sec)
```

从以上执行结果可看到，使用 NOT IN 关键字查出了学号不为 1001、1002 和 1003 的学生信息。

4. IS NULL 和 IS NOT NULL 关键字

在数据表中可能存在空值 NULL，空值 NULL 与 0 不同，也不同于空字符串。IS NULL 关键字表示是空值，IS NOT NULL 关键字表示不为空值。因与 IN、NOT IN 使用方式类似，所以此处不再通过实例演示其用法，读者可以自行操作。

5. BETWEEN AND 和 NOT BETWEEN AND 关键字

BETWEEN AND 关键字用于判断某个字段的值是否在指定范围内，若不在指定范围内，则会被过滤掉。NOT BETWEEN AND 则表示在指定范围内的数据会被过滤掉。具体语法格式如下所示。

```
SELECT 字段名1,字段名2,… 表名 WHERE 字段名 [NOT] BETWEEN 值1 AND 值2;
```

下面通过具体实例来演示 BETWEEN AND 关键字的用法。

【例 4-9】 在 score 表中查询分数在 80~100 分的学生信息。

```
mysql> select * from score where score between 80 and 100;
+------+------+-------+
| sid  | cid  | score |
+------+------+-------+
| 1002 |    2 |    82 |
| 1003 |    3 |    92 |
| 1005 |    8 |    91 |
| 1008 |    2 |    81 |
| 1003 |    4 |    92 |
| 1003 |    9 |    86 |
| 1009 |    7 |    80 |
| 1010 |    3 |    87 |
+------+------+-------+
8 rows in set (0.00 sec)
```

6. LIKE 关键字

在实际的应用场景中，查询数据往往需要使用模糊查询，例如，查询名字中带有某个字母的学生。MySQL 提供了 LIKE 关键字来对数据进行模糊查询，其语法格式如下所示。

```
SELECT 字段名1,字段名2,… FROM 表名 WHERE 字段名 [NOT] LIKE '匹配字符串';
```

语法格式中，NOT 为可选项，使用 NOT 时表示查询与字符串不匹配的值。"匹配字符串"用来指定要匹配的字符串，它可以是一个普通字符串，也可以是包含百分号（%）和下画线（_）的通配符字符串，其中百分号表示任意 0~n 个字符，下画线表示任意一个字符。

接下来通过具体实例演示 LIKE 关键字的使用方法。

【例 4-10】　在 student 表中查询姓名由五个字母构成的学生信息。

```
mysql> select * from student where sname like '_____';
+------+-------+------+--------+
| sid  | sname | age  | gender |
+------+-------+------+--------+
| 1001 | liwei |   22 | male   |
| 1003 | liuyi |   21 | female |
| 1008 | moyan |   23 | female |
+------+-------+------+--------+
3 rows in set (0.00 sec)
```

在查询语句中使用 5 个下画线对字符进行了占位，从语句的执行结果可以看出，查询结果中的学生姓名都为 5 个字母。

接着查询姓名由五个字母构成，并且第三个字母为"w"的学生信息，SQL 语句如下所示。

```
mysql> select * from student where sname like '__w__';
+------+-------+------+--------+
| sid  | sname | age  | gender |
+------+-------+------+--------+
| 1001 | liwei |   22 | male   |
+------+-------+------+--------+
1 row in set (0.00 sec)
```

查询姓名中包含字母"m"的学生信息，SQL 语句如下所示。

```
mysql> select * from student where sname like '%m%';
+------+-------+------+--------+
| sid  | sname | age  | gender |
+------+-------+------+--------+
| 1008 | moyan |   23 | female |
+------+-------+------+--------+
1 row in set (0.00 sec)
```

上方的查询语句中，使用字母"m"代表名字中含有字母"m"，使用两个百分号表示字母"m"的前面和后面有任意个字符。从语句的执行结果可看出，名字中包含字母"m"的学生为 moyan。

7. DISTINCT 关键字

MySQL 提供了 DISTINCT 关键字，用于去除重复数据，其具体语法格式如下所示。

```
select distinct 字段名 from 表名;
```

下面通过具体的实例演示 DISTINCT 关键字的使用方法。

【例 4-11】　去除 score 表中分数相同的项。

```
mysql> select distinct score from score;
+-------+
| score |
```

```
+-------+
|    82 |
|    74 |
|    92 |
|    73 |
|    91 |
|    62 |
|    81 |
|    77 |
|    69 |
|    71 |
|    66 |
|    86 |
|    70 |
|    80 |
|    61 |
|    87 |
|    59 |
+-------+
17 rows in set (0.01 sec)
```

从上方语句的执行结果可以看出，score 表中分数相同的字段已经被过滤。需要注意，DISTINCT 关键字只可以在 SELECT 语句中使用，其主要作用就是对数据库表中一个或者多个字段的重复数据进行过滤，并返回其中的一条数据给用户。

4.3 高级查询

大多数情况下，基础查询和条件查询可以处理大部分业务需求。但当需要对查询结果进行排序、分组和分页时，用这两种查询方式很难处理，此时需要使用更加高级的语句来完成。下面详细讲解 MySQL 的高级查询语句。

4.3.1 排序查询

数据查询完成后，查询结果会按默认的顺序进行排序。用户如果想自定义输出结果的顺序，就需要在语句中加入 ORDER BY 关键字，其具体的语法格式如下所示。

```
SELECT 字段名1,字段名2,… FROM 表名 ORDER BY 字段名1 [ASC|DESC],字段名2[ASC|DESC]…
```

语法格式中，"字段名1,字段名2,…"是要查询的字段，ORDER BY 关键字后的字段名是指定排序的字段。ASC 和 DESC 是可选参数，其中 ASC 表示按升序排序，DESC 表示按降序排序，如果不写该参数，则默认按升序排序。

接下来将通过具体实例演示排序查询。

【例 4-12】将 score 表中的数据按照 score 字段从大到小的顺序进行排列。

```
mysql> select * from score order by score desc;
+------+------+-------+
| sid  | cid  | score |
+------+------+-------+
| 1003 |    3 |    92 |
```

```
| 1003 |    4 |    92 |
| 1005 |    8 |    91 |
| 1010 |    3 |    87 |
| 1003 |    9 |    86 |
| 1002 |    2 |    82 |
| 1008 |    2 |    81 |
| 1009 |    7 |    80 |
| 1009 |    1 |    77 |
| 1003 |    5 |    74 |
| 1006 |    9 |    73 |
| 1004 |    6 |    73 |
| 1001 |    6 |    71 |
| 1005 |    5 |    70 |
| 1010 |    4 |    69 |
| 1007 |    3 |    66 |
| 1011 |    7 |    62 |
| 1008 |    7 |    62 |
| 1002 |    7 |    61 |
| 1009 |    8 |    59 |
+------+------+-------+
20 rows in set (0.00 sec)
```

从以上语句的执行结果可以看出，查询结果中的学生成绩已经按照 score 字段的降序规则进行排列。另外，从查询结果可以看出存在分数相同的项，此时，可在规定按分数降序排列后，将分数相同的项按照课程编号（cid）升序排列，具体的 SQL 语句如下所示。

```
mysql> select * from score order by score desc, cid asc;
+------+------+-------+
| sid  | cid  | score |
+------+------+-------+
| 1003 |    3 |    92 |
| 1003 |    4 |    92 |
| 1005 |    8 |    91 |
| 1010 |    3 |    87 |
| 1003 |    9 |    86 |
| 1002 |    2 |    82 |
| 1008 |    2 |    81 |
| 1009 |    7 |    80 |
| 1009 |    1 |    77 |
| 1003 |    5 |    74 |
| 1004 |    6 |    73 |
| 1006 |    9 |    73 |
| 1001 |    6 |    71 |
| 1005 |    5 |    70 |
| 1010 |    4 |    69 |
| 1007 |    3 |    66 |
| 1011 |    7 |    62 |
| 1008 |    7 |    62 |
| 1002 |    7 |    61 |
| 1009 |    8 |    59 |
+------+------+-------+
20 rows in set (0.00 sec)
```

从以上执行结果可看出，查询出的学生成绩信息首先按分数进行了降序排列，如果出现分数相同的情况，则按照课程编号（cid）升序排列。这就是按多个字段进行排序的情况。

4.3.2 聚合函数

在查询出数据之后，可能需要对数据进行统计，求分数的总和、分数的最大值、分数的平均值等。MySQL 提供了一系列函数来实现数据统计，称为聚合函数，如表 4.10 所示。

表 4.10 聚合函数

函数名称	说明
COUNT()	返回某列的行数
SUM()	返回某列值的和
AVG()	返回某列的平均值
MAX()	返回某列的最大值
MIN()	返回某列的最小值

表 4.10 中列出了聚合函数的名称和作用，接下来将详细讲解这些函数的用法。

1. COUNT()函数

COUNT()函数的语法格式如下所示。

```
SELECT COUNT(*|1|列名) FROM 表名;
```

在以上语法格式中，COUNT()函数中有 3 个可选参数，其中"*"是返回行数，包含 NULL；"列名"指定特定的列，不包含 NULL；COUNT(1)与 COUNT(*)返回的结果是一样的，如果数据表没有主键，则 COUNT(1)的执行效率会高一些。

接下来通过具体实例演示 COUNT()函数的使用方法。

【例 4-13】 查询成绩表 score 中的记录数，SQL 语句如下所示。

```
mysql> select count(*) from score;
+----------+
| count(*) |
+----------+
|       20 |
+----------+
1 row in set (0.00 sec)
```

从以上执行结果可看到，score 表中一共有 20 条记录。另外，还可以在语句中使用 AS 参数为列起别名，SQL 语句如下所示。

```
mysql> select count(1) as test from score;
+------+
| test |
+------+
|   20 |
+------+
1 row in set (0.00 sec)
```

从以上执行结果可看出，结果集中不仅统计出了成绩表的记录数，还将列名设置为了 test。使用 AS 参数为统计结果设置别名，有利于后期数据的维护和管理。需要注意，在取别名时，AS 是可以省略不写的，具体语句如下所示。

```
mysql> select count(1) test from score;
+------+
| test |
+------+
|   20 |
+------+
1 row in set (0.00 sec)
```

从上方语句的执行结果可以看出，AS 省略后并不影响为列定义别名。

2. SUM()函数

SUM()函数用于计算表中指定列的数值和，需要注意，如果指定列的类型不是数值类型，那么计算结果将为 0。SUM()函数的具体语法格式如下所示。

```
SELECT SUM(字段名) FROM 表名;
```

接下来通过具体实例演示 SUM()函数的使用。

【例 4-14】　查询 score 表中 cid 为 2 的分数总和，SQL 语句如下所示。

```
mysql> select sum(score) from score where cid=2;
+------------+
| sum(score) |
+------------+
|        163 |
+------------+
1 row in set (0.00 sec)
```

从以上执行结果可看出，cid 为 2 的分数总和为 163 分。

3. AVG()函数

AVG()函数用于计算指定列的平均值。需要注意，如果指定列类型不是数值类型，那么计算结果将为 0。具体语法格式如下所示。

```
SELECT AVG(字段名) FROM 表名;
```

接下来通过具体实例演示 AVG()函数的使用。

【例 4-15】　查询"电子信息技术"这门课程的平均分。

```
mysql> select avg(score) from score where cid=7;
+------------+
| avg(score) |
+------------+
|    66.2500 |
+------------+
1 row in set (0.00 sec)
```

从以上执行结果可看出，"电子信息技术"这门课程的平均分为 66.25 分。

4. MAX()函数和 MIN()函数

MAX()函数用于计算指定列的最大值，MIN()函数用于计算指定列的最小值。需要注意，如果指定列的属性为字符串类型，系统将使用字符串排序规则。具体语法格式如下。

```
SELECT MAX(字段名) FROM 表名;
SELECT MIN(字段名) FROM 表名;
```

接下来通过具体实例演示 MAX()函数的使用。

【例 4-16】 查询"计算机网络原理"这门课程的最高分和最低分。

```
mysql> select max(score) from score where cid=3;
+------------+
| max(score) |
+------------+
|         92 |
+------------+
1 row in set (0.00 sec)
mysql> select min(score) from score where cid=3;
+------------+
| min(score) |
+------------+
|         66 |
+------------+
1 row in set (0.00 sec)
```

从以上执行结果可看出，"计算机网络原理"这门课程的最高分为 92 分，最低分为 66 分。

4.3.3 分组查询

在查询数据时，有时需要按照一定的类别进行统计，如查询某位老师所教学生的人数等。在
MySQL 中可以使用 GROUP BY 关键字进行分组查询，语法格式如下所示。

```
SELECT 字段名1,字段名2,… FROM 表名 GROUP BY 字段名1,字段名2, …;
```

上面的语法格式中，GROUP BY 后的字段名是对查询结果分组的依据，一般会和聚合函数一起
使用。

接下来通过具体实例演示 GROUP BY 的使用。

【例 4-17】 统计 student 表中男生和女生各有多少。

```
mysql> select gender,count(*) from student group by gender;
+--------+----------+
| gender | count(*) |
+--------+----------+
| female |        5 |
| male   |        6 |
+--------+----------+
2 rows in set (0.00 sec)
```

从以上执行结果可看出，student 表中男生的数量为 5 位，女生的数量为 6 位。

4.3.4 HAVING 子句

在一些情况下，对复杂的数据进行分组查询后，还需要进行数据过滤。MySQL 提供了 HAVING
关键字，用于在分组后对数据进行过滤。需要注意，HAVING 关键字后面可以使用聚合函数，其语
法格式如下所示。

```
SELECT 字段名1,字段名2,… FROM 表名
GROUP BY 字段名1,字段名2,… [HAVING 条件表达式];
```

上面的语法格式中，HAVING 子句为可选项。

接下来通过具体实例演示 HAVING 子句的使用。

【例 4-18】 查询 score 表中课程数大于 2 的学生。

```
mysql> select sid,count(score) from score group by sid \
having count(score) > 2;
+------+--------------+
| sid  | count(score) |
+------+--------------+
| 1003 |            4 |
| 1009 |            3 |
+------+--------------+
2 rows in set (0.00 sec)
```

从以上执行结果可以看出，score 表中课程数大于 2 的学生学号为 1003 和 1009。

4.3.5　LIMIT 分页

在查询数据表时，如果不指定显示数量，默认情况下会将全部结果显示出来，这种查询方式明显会影响程序性能。为了解决这一问题，MySQL 提供了 LIMIT 关键字，用于限制查询结果的显示数量。LIMIT 关键字可以实现数据的分页显示，例如，在购物网站浏览商品时，商品信息会分页显示，这样不仅满足了用户需求，而且也不影响系统的性能。LIMIT 的语法格式如下所示。

```
SELECT 字段名 1,字段名 2,…
FROM 表名
LIMIT [m,]n;
```

上面的语法格式中，LIMIT 关键字后的第一个参数 m 为可选项，代表起始索引，若不指定该值，则使用默认值 0，代表第一条记录；第二个参数 n 为必选项，代表从第 m+1 条记录开始取 n 条记录。

接下来通过具体实例演示 LIMIT 的使用。

【例 4-19】 查询 score 表中前 5 条数据。

```
mysql> select * from score limit 0,5;
+------+------+-------+
| sid  | cid  | score |
+------+------+-------+
| 1002 |    2 |    82 |
| 1003 |    5 |    74 |
| 1003 |    3 |    92 |
| 1004 |    6 |    73 |
| 1005 |    8 |    91 |
+------+------+-------+
5 rows in set (0.00 sec)
mysql> select * from score limit 5;
+------+------+-------+
| sid  | cid  | score |
+------+------+-------+
| 1002 |    2 |    82 |
| 1003 |    5 |    74 |
| 1003 |    3 |    92 |
| 1004 |    6 |    73 |
| 1005 |    8 |    91 |
```

```
+------+------+-------+
5 rows in set (0.00 sec)
```

从以上执行结果可看出，LIMIT 关键字后指定从索引 0 开始取 5 条记录，查出了前 5 条学生记录。当从索引 0 开始查询时，0 也可以省略不写。

4.4　本章小结

本章介绍了单表中数据的查询操作，通过不同的关键字来满足不同的查询需求。本章是数据查询操作的基础，初学者应该多加练习，掌握各种关键字的用法和使用场景。下一章将对数据表的完整性约束进行讲解。

4.5　习题

1. 填空题

（1）MySQL 中从数据表中查询数据的基本语句是_____语句。

（2）SELECT 语句中加入"*"通配符可以查询_____。

（3）SQL 语句中使用_____关键字来指定查询条件。

（4）使用_____关键字可以实现数据的分页显示。

（5）_____函数用于返回某列的行数。

2. 选择题

（1）在 MySQL 中建议使用（　　）运算符表示不等于。

A. <>　　　　　　　　B. =!　　　　　　　　C. !=　　　　　　　　D. ≠

（2）在 MySQL 可以使用（　　）关键字对数据进行模糊查询。

A. AND　　　　　B. OR　　　　　C. LIKE　　　　　D. IN

（3）在 MySQL 中可以使用（　　）关键字进行去重查询。

A. DISTINCT　　　　　　　　　B. BETWEEN AND

C. ORDER BY　　　　　　　　　D. LIMIT

（4）在 MySQL 中使用（　　）关键字判断某个字段值是否在指定范围内，若不在指定范围内，则会被过滤掉。

A. HAVING　　　　　　　　　B. BETWEEN AND

C. ORDER BY　　　　　　　　　D. DISTINCT

（5）查询所有字段可以使用（　　）通配符。

A. *　　　　　　　B. ALL　　　　　C. ~　　　　　　D. NULL

3. 简答题

（1）简述条件查询中有哪些关系运算符，代表什么意思。

（2）简述条件查询中 AND 和 OR 关键字的区别。

（3）简述常用的聚合函数有哪些，它们分别有什么用途。

05

第 5 章　数据的完整性

本章学习目标

- 了解数据的约束原则
- 掌握主键、外键约束的用法
- 掌握索引的实际应用方法
- 掌握常见的约束原则

数据表是数据存储的基础单元，在从外界向数据表输入数据时可能会由各种原因造成输入数据的无效或者错误。为了防止数据库中存在不符合语义规定的数据或者由错误信息的输入/输出造成无效操作，MySQL 提供多种方法来保证数据的完整性。数据的完整性主要分为实体完整性、域完整性和引用完整性，本章将重点对完整性约束进行讲解。

5.1　实体完整性

实体完整性是数据模型中三项完整性规则之一，主要包括主键约束、唯一约束和自动增长列。

5.1.1　主键与主键约束

主键（又称为主关键字）是用于唯一确定表中每一行数据的标识符，是表中某一列或者多列的组合，多个列组成的主键称为复合主键。

主键约束是对主键的约束规则，如下所示。

（1）唯一性：每个表中只能存在一个主键，且主键的值能唯一标识表中的每一行，就像每个人的身份证号码是不同的，能唯一标识每一个人。

（2）非空性：主键可以由多个字段组成，且不受数据类型的限制。另外，字段所在的列中不能存在空值（NULL）。

需要注意的是，主键表示的是一个实体，而主键约束是针对这个实体所设定的规则或属性。为了使读者可以更加形象地理解主键的定义规则，这里将使用一张学生信息表来进行详细介绍，如图 5.1 所示。

id	name	age	class_id
1	张三	18	1902
2	李四	19	1810
3	王五	20	1903
4	赵六	23	1901
5	孙七	24	1902
6	周八	18	1902
7	吴九	28	1810
8	郑十	21	1903

图 5.1　学生信息表

图 5.1 中，id 字段所对应的值可以明确标识每一行的数据，例如，id=3 对应的是学生王五的基本信息。id 字段中的值不重复、不为空，因此 id 字段可以设置为主键。

在 MySQL 中使用 PRIMARY KEY 字段来定义数据表中的主键。在创建表时可以为字段添加主键约束，具体的语法格式如下所示。

```
CREATE TABLE 表名(
    字段名 数据类型 PRIMARY KEY
);
```

以上语法格式中，"字段名"表示需要设置为主键的列名，"数据类型"为该列的数据类型，PRIMARY KEY 表示主键。另外，在表创建完成后，也可以为表添加主键约束，具体的语法格式如下所示。

```
ALTER TABLE 表名 ADD PRIMARY KEY(列名);
```

接下来演示设置主键可能会出现的问题。首先创建一张订单表 orders，表结构如表 5.1 所示。

表 5.1 orders 表结构

字段	字段类型	说明
oid	INT	订单号
total	DOUBLE	订单金额总计
name	VARCHAR(20)	收货人
phone	VARCHAR(20)	收货人电话
addr	VARCHAR(50)	收货人地址

在表 5.1 中列出了订单表的字段、字段类型和说明，为了与先前的数据进行隔离，此处将新建一个名为 Chapter_Five 的数据库，具体代码如下所示。

```
mysql> create database Chapter_Five;
Query OK, 1 row affected (0.00 sec)
mysql> use Chapter_Five;
Database changed
```

然后根据表 5.1 中的信息创建 orders 表，具体的 SQL 语句如下所示。

```
mysql> create table orders(
    -> oid int,
    -> total double,
    -> name varchar(20),
    -> phone varchar(20),
    -> addr varchar(50)
    -> );
Query OK, 0 rows affected (0.01 sec)
```

表创建完成后，向其中插入两条 oid 字段相同的数据，SQL 语句如下所示。

```
mysql> insert into orders (oid,total,name,phone,addr) values
    -> (1,100,'zhangsna',1366,'beijing'),
    -> (1,98,'lisi',1588,'shanghai');
Query OK, 2 rows affected (0.01 sec)
Records: 2  Duplicates: 0  Warnings: 0
```

此时，将 orders 表中的 oid 字段设置为主键，代码如下所示。

```
mysql> alter table orders add primary key(oid);
ERROR 1062 (23000): Duplicate entry '1' for key 'PRIMARY'
```

从以上执行结果可以看出，添加主键失败。这是因为数据表中存在两条相同的数据，这与主键约束规则冲突。删除其中一条数据并尝试重新添加主键，SQL 语句和执行过程如下所示。

```
mysql> delete from orders where name='lisi';
Query OK, 1 row affected (0.04 sec)
mysql> alter table orders add primary key(oid);
Query OK, 0 rows affected (0.05 sec)
Records: 0  Duplicates: 0  Warnings: 0
```

从上方代码的执行结果可以看出主键设置成功。为了进一步验证主键约束的规则，在表 orders 中插入一个空值（NULL），具体的 SQL 语句和执行过程如下所示。

```
mysql> insert into orders (oid,total,name,phone,addr) values
    -> (null,100,'wangwu',1682,'henan');
ERROR 1048 (23000): Column 'oid' cannot be null
```

从上方代码的执行结果可以看出，向 orders 表插入空值失败，这也证明了数据库中主键不为空的规则。

在实际的开发中，也可以删除表中的主键，具体的语法如下所示。

```
ALTER TABLE 表名 DROP PRIMARY KEY;
```

关于删除主键，此处不再进行演示，读者可以自行操作。

5.1.2　唯一约束

唯一约束用于限制不受主键约束的列上数据的唯一性，与主键约束不同的是，唯一约束可以为空值且一个表中可以放置多个唯一约束。MySQL 中可以使用 UNIQUE 关键字添加唯一约束。

在创建表时为某个字段添加唯一约束的具体语法格式如下所示。

```
CREATE TABLE 表名(
    字段名 数据类型 UNIQUE,
    …
);
```

以上语法格式中，"字段名"表示需要添加唯一约束的列名，"数据类型"和 UNIQUE 关键字之间需要使用空格隔开。另外，也可以使用 ALTER 命令将唯一约束添加到已经创建完成的表中，具体的语法格式如下所示。

```
ALTER TABLE 表名 ADD UNIQUE(列名);
```

以 orders 表为例，将 phone（收货人电话）字段设置为唯一约束的 SQL 语句及执行过程如下所示。

```
mysql> alter table orders add unique(phone);
Query OK, 0 rows affected (0.02 sec)
Records: 0  Duplicates: 0  Warnings: 0
mysql> desc orders;
```

```
+-------+-------------+------+-----+---------+-------+
| Field | Type        | Null | Key | Default | Extra |
+-------+-------------+------+-----+---------+-------+
| oid   | int(11)     | NO   | PRI | NULL    |       |
| total | double      | YES  |     | NULL    |       |
| name  | varchar(20) | YES  |     | NULL    |       |
| phone | varchar(20) | YES  | UNI | NULL    |       |
| addr  | varchar(50) | YES  |     | NULL    |       |
+-------+-------------+------+-----+---------+-------+
5 rows in set (0.00 sec)
mysql> select * from orders;
+-----+-------+----------+-------+---------+
| oid | total | name     | phone | addr    |
+-----+-------+----------+-------+---------+
|   1 |   100 | zhangsan | 1366  | beijing |
+-----+-------+----------+-------+---------+
1 row in set (0.00 sec)
```

从以上代码的执行结果可以看出，orders 表中 phone 字段添加唯一约束成功。为了进一步验证唯一约束的规则，分别向表中插入两条不同的数据，具体代码和执行过程如下所示。

```
mysql> insert into orders (oid,total,name,phone,addr) values
    -> (2,100,'lisi',1366,'beijing');
ERROR 1062 (23000): Duplicate entry '1366' for key 'phone'
mysql> insert into orders (oid,total,name,phone,addr) values
    -> (2,100,'lisi',null,'beijing');
Query OK, 1 row affected (0.01 sec)
mysql> select * from orders;
+-----+-------+----------+-------+---------+
| oid | total | name     | phone | addr    |
+-----+-------+----------+-------+---------+
|   1 |   100 | zhangsan | 1366  | beijing |
|   2 |   100 | lisi     | NULL  | beijing |
+-----+-------+----------+-------+---------+
2 rows in set (0.00 sec)
```

从以上代码的执行结果可以看出：第一条插入命令中 phone 字段的值与表中 phone 字段的值相同，导致数据插入失败；第二条插入命令将 phone 字段的值设置为 NULL 后插入成功。

在实际的开发中，也可以删除表中的唯一约束，具体的语法如下所示。

```
DROP INDEX INDEX_NAME ON TBL_NAME
```

读者也可以使用下面的方式。

```
ALTER TABLE TBL_NAME DROP INDEX INDEX_NAME
```

5.1.3 自动增长列

在创建表时，表中的 id 字段的值一般从 1 开始，当需要插入大量的数据时，这种做法不仅比较烦琐，而且还容易出错。为此，可以将 id 字段的值设置为自动增长。MySQL 中可以使用 AUTO_INCREMENT 关键字设置表中字段值的自动增长，在创建表时将某个字段设置为自动增长列的语法格式如下所示。

```
CREATE TABLE 表名(
    字段名 数据类型 AUTO_INCREMENT,
    …
);
```

以上语法格式中，"字段名"表示需要设置字段值自动增长的列名，"数据类型"和 AUTO_INCREMENT 关键字之间需要使用空格隔开。另外，也可以将已经创建完成的表的字段设置成自动增长列，具体语法格式如下所示。

```
ALTER TABLE 表名 MODIFY 字段名 数据类型 AUTO_INCREMENT;
```

以 orders 表为例，将 oid 字段设置为自动增长列的 SQL 语句如下所示。

```
mysql> alter table orders modify oid int  auto_increment;
Query OK, 2 rows affected (0.40 sec)
Records: 2  Duplicates: 0  Warnings: 0
mysql> desc orders;
+-------+-------------+------+-----+---------+----------------+
| Field | Type        | Null | Key | Default | Extra          |
+-------+-------------+------+-----+---------+----------------+
| oid   | int(11)     | NO   | PRI | NULL    | auto_increment |
| total | double      | YES  |     | NULL    |                |
| name  | varchar(20) | YES  |     | NULL    |                |
| phone | varchar(20) | YES  | UNI | NULL    |                |
| addr  | varchar(50) | YES  |     | NULL    |                |
+-------+-------------+------+-----+---------+----------------+
5 rows in set (0.00 sec)
```

从上方代码的执行结果可以看出，orders 表中的 oid 字段已经成功设置成自动增长列。

5.2　域完整性

域完整性指的是对数据表中单元格的约束，通过给列定义规则来约束单元格的属性。常见的域完整性约束包括数据类型约束、非空约束和默认值约束，其中数据类型约束就是在创建表时所指定的字段类型。本节将重点讲解域完整性中的非空约束和默认值约束。

5.2.1　非空约束

非空约束用于保证数据表中的某个字段的值不为 NULL，在 MySQL 中可以使用 NOT NULL 关键字为列添加非空约束。在创建表时，为某个字段添加非空约束的具体语法格式如下所示。

```
CREATE TABLE 表名(
    字段名 数据类型 NOT NULL,
    …
);
```

以上语法格式中，"字段名"表示需要添加非空约束的列名，"数据类型"和 NOT NULL 关键字之间需要用空格隔开。另外，非空约束也可以添加到已经创建完成的表中，语法格式如下所示。

```
ALTER TABLE 表名 MODIFY 字段名 数据类型 NOT NULL;
```

同样以 orders 表为例，为 addr 字段添加非空约束，具体的 SQL 语句和执行过程如下所示。

```
mysql> alter table orders modify addr varchar(50) not null;
Query OK, 0 rows affected (0.16 sec)
Records: 0  Duplicates: 0  Warnings: 0
mysql> desc orders;
+-------+-------------+------+-----+---------+----------------+
| Field | Type        | Null | Key | Default | Extra          |
+-------+-------------+------+-----+---------+----------------+
| oid   | int(11)     | NO   | PRI | NULL    | auto_increment |
| total | double      | YES  |     | NULL    |                |
| name  | varchar(20) | YES  |     | NULL    |                |
| phone | varchar(20) | YES  | UNI | NULL    |                |
| addr  | varchar(50) | NO   |     | NULL    |                |
+-------+-------------+------+-----+---------+----------------+
5 rows in set (0.00 sec)
```

从上方代码的执行过程可以看出，已成功为表 orders 中的 addr 字段添加非空约束。

5.2.2　默认值约束

默认值约束用于为数据表中的某个字段设置默认值，例如，订单的创建时间如果不进行手动填写，则默认为当前时间。在 MySQL 中使用 DEFAULT 关键字设置默认值约束，创建表时，为某个字段添加默认值约束的具体语法格式如下所示。

```
CREATE TABLE 表名(
    字段名 数据类型 DEFAULT 默认值,
    …
);
```

以上语法格式中，"字段名"表示需要添加默认值约束的列名，"数据类型"和 DEFAULT 关键字之间需要使用空格隔开。另外，默认值约束也可以添加到已经创建完成的表中，语法格式如下所示。

```
ALTER TABLE 表名 MODIFY 字段名 数据类型 DEFAULT 默认值;
```

下面具体讲解 MySQL 中为字段设置默认值约束的操作方法。

在表 orders 中增加一列名为 postalcode 的字段，数据类型为 INT，并将其默认值设置为 100000，具体的 SQL 语句和操作流程如下所示。

```
mysql> alter table orders add postalcode int default 100000;
Query OK, 0 rows affected (2.38 sec)
Records: 0  Duplicates: 0  Warnings: 0
mysql> desc orders;
+------------+-------------+------+-----+---------+----------------+
| Field      | Type        | Null | Key | Default | Extra          |
+------------+-------------+------+-----+---------+----------------+
| oid        | int(11)     | NO   | PRI | NULL    | auto_increment |
| total      | double      | YES  |     | NULL    |                |
| name       | varchar(20) | YES  |     | NULL    |                |
| phone      | varchar(20) | YES  | UNI | NULL    |                |
| addr       | varchar(50) | NO   |     | NULL    |                |
| postalcode | int(11)     | YES  |     | 100000  |                |
+------------+-------------+------+-----+---------+----------------+
6 rows in set (0.00 sec)
```

从上方代码的执行结果可以看出，在 orders 表中成功添加了 postalcode 字段并将其默认值设置为 100000。

5.3 引用完整性

引用完整性是对实体之间关系的描述，如果要删除被引用的对象，那么也要删除引用它的所有对象或者把引用值设置为空值，如图 5.2 所示。

图 5.2 中，B 和 C 分别引用了 A 中的 a 字段（A 被 B 和 C 引用），所以 a_1 和 a_2 受 a 的变化影响。如果要删除 a，那么需要将 a_1 和 a_2 先删除，或者将 a 的值设置为 NULL。

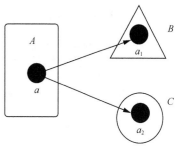

图 5.2 引用完整性

5.3.1 外键与外键约束

外键的定义是具有相对性的。如果一个字段 x 在一张表中为主键，在另一张表中不为主键，那么字段 x 称为第二张表的外键。外键的主要作用是建立和加强两个表之间的数据连接，如图 5.3 所示。

	A			
字段 a	字段 b	字段 c	字段 d	字段 e

	B			
字段 f	字段 g	字段 a	字段 h	字段 i

图 5.3 外键关系

在表 A 中的字段 a 被设置为主键的前提下，表 B 中引用了表 A 中的字段 a 的数据，所以表 B 中的字段 a 被称为表 A 的外键。

外键约束是针对外键设定的约束规则，接下来通过两张表来讲解外键约束规则。

首先创建学科表 subject，其中有专业编号 sub_id 和专业名称 sub_name 这 2 个字段，并将 sub_id 字段设置为该表的主键。具体的 SQL 语句和执行结果如下所示。

```
mysql> create table subject (
    -> sub_id int primary key,
    -> sub_name varchar(20)
    -> );
Query OK, 0 rows affected (2.28 sec)
```

然后创建学生表 student，其中有学生编号 stu_id、学生姓名 stu_name 和专业编号 sub_id 这 3 个字段。具体的 SQL 语句和执行结果如下所示。

```
mysql> create table student (
    -> stu_id int primary key,
```

```
    -> stu_name varchar(20),
    -> sub_id int not null
    -> );
Query OK, 0 rows affected (0.01 sec)
```

需要注意的是，创建的 subject 表中 sub_id 为主键，student 表中的 sub_id 字段是对 subject 表中的主键进行的引用，所以 student 表中的 sub_id 字段就是外键。sub_id 字段被作为主键的表（subject）称为主表，而外键所在的表（student）称为从表（或子表），两表之间是主从关系。student 表可以通过外键 sub_id 来获得 subject 表中的信息，从而建立两个表中数据的连接。

在创建表时将某字段设置为外键的基本语法格式如下所示。

```
CREATE TABLE 表名(
    字段名 数据类型,
    ...
    FOREIGN KEY(外键字段名)
    REFERENCES  主表表名(主键字段名)
);
```

另外，表创建完成后也可以添加外键，具体语法格式如下所示。

```
ALTER TABLE 表名 ADD FOREIGN KEY(外键字段名) REFERENCES 主表表名(主键字段名);
```

使用相关命令将上面创建的 student 表中的 sub_id 字段设置为外键，具体的 SQL 语句如下所示。

```
mysql> alter table student
    -> add foreign key (sub_id) references subject (sub_id);
Query OK, 0 rows affected (2.33 sec)
Records: 0  Duplicates: 0  Warnings: 0
```

从上方代码的执行结果可以看出外键添加成功。下面根据不同的情况讲解外键所对应的外键约束规则。

（1）主表不存在数据时，从表无法插入数据。

尝试在从表 student 中插入数据，具体代码如下所示。

```
mysql> insert into student (stu_id,stu_name,sub_id) values(1,'zhangsan',1);
ERROR 1452 (23000): Cannot add or update a child row: a foreign key constraint fails
('Chapter_Five'.'student', CONSTRAINT 'student_ibfk_1' FOREIGN KEY ('sub_id')
REFERENCES 'subject' ('sub_id'))
```

从上方代码的执行结果可以看出添加数据失败，这是因为如果主表中没有数据，那么从表中将无法插入数据。为主表 subject 添加数据，具体代码如下所示。

```
mysql> insert into subject (sub_id,sub_name) values(1,'math');
Query OK, 1 row affected (0.00 sec)
```

从以上代码的执行结果可以看出数据插入完成。接下来向从表 student 插入数据，具体代码如下所示。

```
mysql> insert into student(stu_id,stu_name,sub_id) values(1,'zhangsan',1);
Query OK, 1 row affected (0.00 sec)
```

从执行结果可以看出，向从表插入数据成功。

（2）从表的数据删除后才可以删除主表中的数据。

尝试直接删除主表 subject 中的数据，具体代码如下所示。

```
mysql> delete from subject;
ERROR 1451 (23000): Cannot delete or update a parent row: a foreign key constraint
fails ('Chapter_Five'.'student', CONSTRAINT 'student_ibfk_1' FOREIGN KEY ('sub_id')
REFERENCES 'subject' ('sub_id'))
```

从上方代码的执行结果可以看出，删除主表中的数据失败。由于主表 subject 中的数据被从表 student 引用，因此无法删除主表 subeject 中的数据。此时可以先删除从表中的数据，再删除主表中的数据，具体的 SQL 语句如下所示。

```
mysql> delete from student ;
Query OK, 1 rows affected (0.00 sec)
mysql> delete from subject ;
Query OK, 1 rows affected (0.00 sec)
```

从上面代码的执行过程可以看出，数据删除成功。

5.3.2 删除外键约束

读者在实际的开发应用中可能会遇到需要解除两个表之间关联的情况，这时就需要删除外键约束，其具体的语法格式如下所示。

```
ALTER TABLE 表名 DROP FOREIGN KEY 外键名;
```

下面演示将 student 表中的外键约束删除。首先查看表的外键名。

```
mysql> mysql> show create table student\G
*************************** 1. row ***************************
     Table: student
Create Table: CREATE TABLE 'student' (
  'stu_id' int(11) NOT NULL,
  'stu_name' varchar(20) DEFAULT NULL,
  'sub_id' int(11) NOT NULL,
  PRIMARY KEY ('stu_id'),
  KEY 'sub_id' ('sub_id'),
  KEY 'id' ('stu_id'),
  CONSTRAINT 'student_ibfk_1' FOREIGN KEY ('sub_id') REFERENCES 'subject' ('sub_id')
) ENGINE=InnoDB DEFAULT CHARSET=latin1
1 row in set (0.00 sec)
```

从以上代码的执行结果可以看出，student 表中的 sub_id 字段为外键，关联的主表是 subject，外键名为 student_ibfk_1。然后删除 student 表中的外键约束，具体操作如下所示。

```
mysql> alter table student drop foreign key student_ibfk_1;
Query OK, 0 rows affected (0.00 sec)
Records: 0  Duplicates: 0  Warnings: 0
```

从以上代码的执行结果可以看出外键删除成功。为了进一步验证，使用相关命令再次查看 student 表的结构信息。

```
mysql> show create table student\G
*************************** 1. row ***************************
     Table: student
```

```
Create Table: CREATE TABLE 'student' (
  'stu_id' int(11) NOT NULL,
  'stu_name' varchar(20) DEFAULT NULL,
  'sub_id' int(11) NOT NULL,
  PRIMARY KEY ('stu_id'),
  KEY 'sub_id' ('sub_id'),
  KEY 'id' ('stu_id')
) ENGINE=InnoDB DEFAULT CHARSET=latin1
1 row in set (0.00 sec)
```

从以上代码的执行结果可以看出，student 表中的外键删除成功。

5.4　索引

如果把数据表比喻成一本书，那么索引就是这本书的目录，它可以帮助用户实现根据目录中的页码快速找到对应的内容。如果不添加索引，数据库每次执行查询操作时，都会从表的头部开始遍历数据，这无疑降低了数据库的运行效率。MySQL 中的索引分为普通索引、唯一索引、全文索引、单列索引、多列索引、空间索引、组合索引等。接下来将介绍生产环境中常用的普通索引和唯一索引。

5.4.1　普通索引

普通索引是最基本的索引类型，它主要的作用是加快对数据的访问速度。在创建表时设置普通索引的语法格式如下所示。

```
CREATE TABLE 表名(
    字段名 数据类型,
    ...
    INDEX [索引名](字段名[(长度)])
);
```

另外，对于已经创建完成的表，也可以为表中的某个字段创建普通索引，基本的语法格式如下所示。

```
CREATE INDEX 索引名 ON 表名(字段名[(长度)]);
```

以前面创建的 student 表为例，为 stu_id 字段添加索引的 SQL 语句如下所示。

```
mysql> create index id on student(stu_id);
Query OK, 0 rows affected (0.01 sec)
Records: 0  Duplicates: 0  Warnings: 0
```

以上语句的执行结果证明为 student 表中的 stu_id 字段创建普通索引成功。为了进一步验证，使用 SHOW INDEX FROM 命令查看表中的索引信息。

```
mysql> show index from student\G
*************************** 1. row ***************************
        Table: student
   Non_unique: 0
     Key_name: PRIMARY
 Seq_in_index: 1
```

```
    Column_name: stu_id
      Collation: A
    Cardinality: 1
       Sub_part: NULL
         Packed: NULL
           Null:
     Index_type: BTREE
        Comment:
  Index_comment:
*************************** 2. row ***************************
          Table: student
     Non_unique: 1
       Key_name: sub_id
   Seq_in_index: 1
    Column_name: sub_id
      Collation: A
    Cardinality: 1
       Sub_part: NULL
         Packed: NULL
           Null:
     Index_type: BTREE
        Comment:
  Index_comment:
*************************** 3. row ***************************
          Table: student
     Non_unique: 1
       Key_name: id
   Seq_in_index: 1
    Column_name: stu_id
      Collation: A
    Cardinality: 1
       Sub_part: NULL
         Packed: NULL
           Null:
     Index_type: BTREE
        Comment:
  Index_comment:
3 rows in set (0.00 sec)
```

从以上执行结果可以看出，为 stu_id 字段成功创建了名为 id 的普通索引。结果列表中各字段的含义如表 5.2 所示。

表 5.2　　　　　　　　　　　　　　　索引字段含义

字段	说明
Non_unique	索引是否可以重复，可以为 1，不可以为 0
Key_name	索引的名称
Seq_in_index	索引的序列号，从 1 开始
Column_name	列名称
Collation	列以何种方式存储在索引中，A 表示升序，NULL 表示无分类
Cardinality	索引中唯一值的关联基数

字段	说明
Sub_part	如果列只是部分被编入索引，则为被编入索引的字符的数目；如果整列被编入索引，则为 NULL
Packed	关联字如何被压缩，如果没有被压缩，则为 NULL
Null	该列是否含有空值
Index_type	索引类型，包括 BTREE、FULLTEXT、HASH

需要注意，在表中如果将某字段设置为主键或外键，那么 MySQL 会自动为该字段设置一个索引。从上方代码的执行结果也可以看出，在表中分别创建了名为 stu_id 和 sub_id 的索引。在实际的应用场景中，也可以将普通索引删除，具体的 SQL 语句格式如下所示。

```
DROP INDEX 索引名 ON 表名;
```

尝试将 student 表中名为 stu_id 的索引删除，具体的执行语句如下所示。

```
mysql> drop index id on student;
Query OK, 0 rows affected (0.04 sec)
Records: 0  Duplicates: 0  Warnings: 0
```

使用 SHOW INDEX FROM 命令查看 student 表中的索引。

```
mysql> show index from student\G
*************************** 1. row ***************************
        Table: student
   Non_unique: 0
     Key_name: PRIMARY
 Seq_in_index: 1
  Column_name: stu_id
    Collation: A
  Cardinality: 1
     Sub_part: NULL
       Packed: NULL
         Null:
   Index_type: BTREE
      Comment:
Index_comment:
*************************** 2. row ***************************
        Table: student
   Non_unique: 1
     Key_name: sub_id
 Seq_in_index: 1
  Column_name: sub_id
    Collation: A
  Cardinality: 1
     Sub_part: NULL
       Packed: NULL
         Null:
   Index_type: BTREE
      Comment:
Index_comment:
2 rows in set (0.00 sec)
```

从上方代码的执行结果可以看出，student 表中名为 stu_id 的索引被删除。另外，如果需要删除索引名为 PRIMARY 的主键索引，可以使用以下语句格式。

```
DROP INDEX 'PRIMARY' ON 表名;
```

删除主键索引的操作此处不再赘述。

5.4.2 唯一索引

MySQL 中使用 UNIQUE 关键字为某列定义唯一索引，被定义唯一索引的列不允许存在重复的值。当有新的数据插入时，MySQL 会自动检查新记录中的字段值是否已经存在于数据表中，如果已经存在，系统将拒绝这条数据的插入。唯一索引不仅可以保证数据的唯一性，而且可以简化 MySQL 对索引的管理工作，使索引变得简单高效。

在创建表时可以创建唯一索引，语法格式如下所示。

```
CREATE TABLE 表名(
    字段名 数据类型,
    …
    UNIQUE INDEX [索引名](字段名[(长度)])
);
```

上方语法格式中，UNIQUE INDEX 关键字表示唯一索引，"索引名"为可选项，括号中的"字段名"表示创建索引的字段，"长度"为可选项。另外，对于已经创建完成的表，也可以为某个字段创建唯一索引，语法格式如下所示。

```
CREATE UNIQUE INDEX 索引名 ON 表名(字段名[(长度)]);
```

以本章中创建的 subject 表为例，为 sub_name 字段添加唯一索引的 SQL 语句如下所示。

```
mysql> create unique index sub_name on subject(sub_name);
Query OK, 0 rows affected (0.00 sec)
Records: 0  Duplicates: 0  Warnings: 0
```

以上语句的执行结果证明为 subject 表中的 sub_name 字段创建唯一索引成功。为了进一步验证，使用 SHOW CREATE TABLE 命令查看表的具体信息。

```
mysql> show index from subject\G
*************************** 1. row ***************************
        Table: subject
   Non_unique: 0
     Key_name: PRIMARY
 Seq_in_index: 1
  Column_name: sub_id
    Collation: A
  Cardinality: 1
     Sub_part: NULL
       Packed: NULL
         Null:
   Index_type: BTREE
      Comment:
Index_comment:
*************************** 2. row ***************************
```

```
          Table: subject
     Non_unique: 0
       Key_name: sub_name
   Seq_in_index: 1
    Column_name: sub_name
      Collation: A
    Cardinality: 1
       Sub_part: NULL
         Packed: NULL
           Null: YES
     Index_type: BTREE
        Comment:
Index_comment:
2 rows in set (0.00 sec)
```

从以上结果可以看出，为 sub_name 字段成功创建了唯一索引。在实际的开发中，也可以使用 ALTER 语句删除表中的唯一索引，具体的语法格式如下所示。

```
ALTER TABLE 表名 DROP INDEX 索引名;
```

下面演示使用 ALTER 语句删除唯一索引。

```
mysql> alter table subject drop index sub_name;
Query OK, 0 rows affected (0.03 sec)
Records: 0  Duplicates: 0  Warnings: 0

mysql> show index from subject\G
*************************** 1. row ***************************
          Table: subject
     Non_unique: 0
       Key_name: PRIMARY
   Seq_in_index: 1
    Column_name: sub_id
      Collation: A
    Cardinality: 1
       Sub_part: NULL
         Packed: NULL
           Null:
     Index_type: BTREE
        Comment:
Index_comment:
1 row in set (0.00 sec)
```

从上方代码的执行结果可以看出，名为 sub_name 的唯一索引被成功删除。

5.4.3　索引过多引发的问题

在 MySQL 中合理地创建索引不仅可以极大地提高在数据库中获取所需信息的速度，而且能提高服务器处理相关搜索请求的效率。建立索引的优点如下。

（1）可以加快数据的检索速度。

（2）可以保证数据库表中每一行数据的唯一性。

（3）加速表和表之间的连接。

（4）在使用分组或者排序子句时，可以减少查询中分组和排序的时间。

虽然索引在检索效率上具有诸多的积极作用，但过多的索引也会引起一些不必要的问题。

（1）在数据库建立过程中，需花费较多的时间去建立并维护索引，特别是随着数据总量的增加，所花费的时间将不断递增。

（2）过多的索引需要占大量的物理空间。

（3）当对数据进行增、删、改操作时，用户也需要对索引进行相应的维护，降低了数据的维护速度。

5.5 本章小结

本章主要介绍了 MySQL 中保持数据完整性的机制，通过具体的实例为读者讲解了实体完整性、域完整性、引用完整性和索引的概念及其各种策略的使用方法。本章中的知识点需要读者将理论与实践相结合，从而到达更好的学习效果。

5.6 习题

1. 填空题

（1）主键是用于_____确定表中每一行数据的标识符，是表中某一列或者多列的_____。

（2）非空约束用于保证数据表中的某个字段的值不为_____。

（3）索引的主要作用是_____。

（4）数据的完整性主要分为_____、_____、_____。

（5）MySQL 中的索引分为_____、_____、_____等。

2. 选择题

（1）关于主键约束的特点，说法错误的是（   ）。

A. 唯一   B. 非空   C. 自增长   D. 以上都不是

（2）如果要删除被引用的对象，那么也要删除引用它的所有对象或者把引用值设置为（   ）。

A. 0   B. 1   C. NULL   D. 2

（3）外键的定义是具有相对性的（   ）。

A. 相对性   B. 绝对性   C. 完整性   D. 唯一性

（4）每个表中只能存在一个（   ）。

A. 外键   B. 默认值   C. 索引   D. 主键

（5）最基本的索引类型是（   ）。

A. 唯一索引   B. 普通索引   C. 全文索引   D. 单列索引

3. 简答题

（1）简述 MySQL 中如何实现数据的完整性。

（2）主键和外键的区别是什么？二者之间有什么联系？

（3）索引的优缺点有哪些？

06 第 6 章 数据库多表查询

本章学习目标

- 了解数据表之间的关系
- 掌握多表数据的查询方法
- 理解多表查询中的连接规则和笛卡儿积
- 熟悉数据表之间的嵌套查询

前面已经介绍了单表的查询操作，在数据库中有时为了提高数据的检索和存储效率，会将一些内容量比较大的表拆分成多个子表，并通过一些特殊的属性将这些子表关联起来。本章将介绍数据库中多表间的连接关系和多表间的查询操作。

6.1 表与表之间的关系

在数据库中，表之间需要通过某些相同的属性来建立连接关系，在两个表中至少应该有一列的数据属性是相同的，如图 6.1 所示。

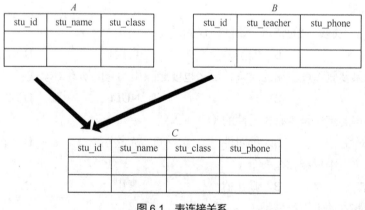

图 6.1 表连接关系

在图 6.1 中，两个表共有的列是 stu-id，针对这一列的属性合并两个表的操作就是连接。数据库的表之间可以通过某种或多种方式关联，从而实现分散数据的组合和数据的交换、共享。

表与表之间的关系包括一对一、一对多（多对一）、多对多。接下来将详细讲解表与表之间的关系。

6.1.1 一对一关系

数据表的一对一关系如图 6.2 所示。

一对一关系可以简单地理解为一张表的一条记录只能与另外一张表的一条记录进行对应，这与现实生活中的配偶关系相似，每个人只有一个或者没有配偶。下面将通过具体的案例演示数据表的一对一关系。

创建订单表 order_list，表结构如表 6.1 所示。

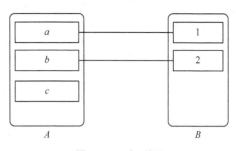

图 6.2 一对一关系

表 6.1 order_list 表结构

字段	字段类型	约束类型	说明
oid	INT	PRIMARY KEY	订单编号
oname	VARCHAR(20)	无	收货人姓名
oaddress	VARCHAR(50)	无	收货人地址
ophone	INT	无	收货人电话

表 6.1 中列出了 order_list 表的字段、字段类型、约束类型和说明，根据该表提供的信息创建 order_list 表，SQL 语句如下所示。

```
mysql> create table order_list(
    -> oid int primary key,
    -> oname varchar(20),
    -> oaddress varchar(50),
    -> ophone int
    -> );
Query OK, 0 rows affected (0.03 sec)
```

以上执行结果证明表 order_list 创建完成。接着创建备注表 order_text，表结构如表 6.2 所示。

表 6.2 order_text 表结构

字段	字段类型	约束类型	说明
oid	INT	PRIMARY KEY FOREIGN KEY	订单编号
otext	VARCHAR(100)		订单备注

表 6.2 中列出了 order_text 表的字段、字段类型、约束类型和说明，据此创建 order_text 表，SQL 语句如下所示。

```
mysql> create table order_text(
    ->   oid int primary key,
    ->   utext varchar(100),
    ->   foreign key(oid)
    ->   references order_list(oid)
    -> );
Query OK, 0 rows affected (0.01 sec)
```

以上执行结果证明表 order_text 创建完成。直观地看两张表的关系，如图 6.3 所示。

从图 6.3 中可以看出，order_list 表与 order_text 表是一对一关系，这种关系经常用在数据库优化中。用户备注字段 otext 一般情况下会有较多的文字，属于大文本字段，但这个字段又不是每次都会用到，如果将其存放在 order_list 表中，在查询订单信息时会影响表的查询效率，因此将 otext 字段单独拆分出来并放到从表中，当需要 otext 字段时，用户对两张表进行关联查询即可。

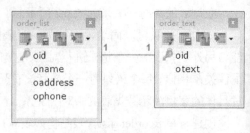

图 6.3　订单表与备注表的一对一关系

在实际的开发中，数据表的一对一关系主要应用于以下几个方面。

（1）分割列数较多的表。

（2）为了加强数据安全性而隐藏数据表中的一部分内容。

（3）保存临时数据，当不需要时可以直接删除从表，减少了操作步骤。

6.1.2　一对多关系

在一对多关系中，主键数据表中只允许有一条记录与其关系表中的一条或者多条记录相关联（也可以没有记录与之相关联）。另外，关系表中的一条记录只能对应主键数据表中的一条记录，如图 6.4 所示。

一对多关系可以简单地理解为一张表中的一条记录可以对应另外一张表中的一条或者多条记录，也可以没有记录与之关联。但是反过来，另外一张表的一条记录只能对应第一张表的一条记录。这与现实生活中父子的关系很像，主键所在的表可以称为父表，与其对应的关系表称为子表。为了使读者可以深入理解，接下来通过具体案例演示数据表的一对多关系。

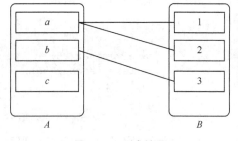

图 6.4　一对多关系

创建学生表 student，表结构如表 6.3 所示。

表 6.3　　　　　　　　　　　　　　　student 表结构

字段	字段类型	约束类型	说明
stu_id	INT	PRIMARY KEY	学生编号
stu_name	VARCHAR(20)		学生姓名

表 6.3 中列出了 student 表的字段、字段类型、约束类型和说明，接着创建 student 表，SQL 语句如下所示。

```
mysql> create table student(
    ->    stu_id int primary key,
    ->    stu_name varchar(20)
    -> );
Query OK, 0 rows affected (0.01 sec)
```

以上执行结果证明表 student 创建完成。下面创建成绩表 score，表结构如表 6.4 所示。

表 6.4　　　　　　　　　　　　　　　score 表结构

字段	字段类型	约束类型	说明
sco_id	INT	PRIMARY KEY	分数编号
score	INT		学生分数
stu_id	INT	FOREIGN KEY	学生编号

表 6.4 中列出了 score 表的字段、字段类型、约束类型和说明，接下来创建 score 表，SQL 语句如下所示。

```
mysql> create table score(
    ->    sco_id int primary key,
    ->    score int,
    ->    stu_id int,
    ->    foreign key(stu_id)
    ->    references student(stu_id)
    -> );
```

以上执行结果证明成绩表 score 创建完成。直观展现这两张表的关系，如图 6.5 所示。

从图 6.2 中可以看出，student 表为父表，score 表为子表。每个学生可能有多个成绩，但是一个成绩只能属于一个学生，这就是一对多关系。

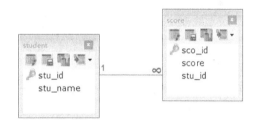

图 6.5　学生表与成绩表的一对多关系

6.1.3　多对一关系

多对一关系与一对多关系本质相同，只是从不同的角度来看问题。在图 6.5 中如果从 score 表的角度来看问题，多个成绩可以属于一个学生，但是一个成绩不能属于多个学生，这种关系就是多对一关系。

6.1.4　多对多关系

在多对多关系中，两个数据表中的数据需要通过"中间人"实现数据的连接，每条记录都可以和另一个数据表里任意数量的记录相关联。这种关系与现实生活中老师与班级的关系很像，一个老师可以负责多个班级，一个班级也可以有多个老师。多对多关系如图 6.6 所示。

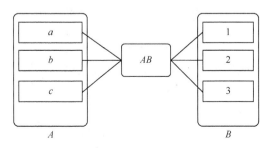

图 6.6　多对多关系

为了让读者加深理解，接下来通过具体案例演示多对多关系。

创建教师表 teacher，表结构如表 6.5 所示。

表 6.5   **teacher 表结构**

字段	字段类型	约束类型	说明
tea_id	INT	PRIMARY KEY	老师编号
tea_name	VARCHAR(20)		老师姓名

表 6.5 中列出了 teacher 表的字段、字段类型、约束类型和说明，接着创建 teacher 表，SQL 语句如下所示。

```
mysql> create table teacher(
    ->    tea_id int primary key,
    ->    tea_name varchar(20)
    -> );
Query OK, 0 rows affected (0.40 sec)
```

以上执行结果证明表 teacher 创建完成。下面创建班级表 class，表结构如表 6.6 所示。

表 6.6   **class 表结构**

字段	字段类型	约束类型	说明
class_id	INT	PRIMARY KEY	班级编号
class_name	VARCHAR(20)		班级名称

表 6.6 中列出了 class 表的字段、字段类型、约束类型和说明，接着创建 class 表，SQL 语句如下所示。

```
mysql> create table class(
    ->    class_id int primary key,
    ->    class_name varchar(20)
    -> );
Query OK, 0 rows affected (0.01 sec)
```

以上执行结果证明班级表 class 创建完成。为了维护实体关系，还需要创建一张关系表 tea_class，用于映射多对多的关系，表结构如表 6.7 所示。

表 6.7   **tea_class 表结构**

字段	字段类型	约束类型	说明
tea_id	INT	FOREIGN KEY	教师编号
class_id	INT	FOREIGN KEY	班级编号

表 6.7 中列出了 tea_class 表的字段、字段类型、约束类型和说明，接着创建 tea_class 表，SQL 语句如下所示。

```
create table tea_class(
    ->    tea_id int,
    ->    class_id int,
    ->    foreign key (tea_id)
```

```
    ->    references teacher(tea_id),
    ->    foreign key (class_id)
    ->    references class(class_id)
    -> );
Query OK, 0 rows affected (0.09 sec)
```

以上执行结果证明关系表 tea_class 创建完成。直观地看三张表的关系，如图 6.7 所示。

图 6.7　三张表的多对多关系

从图 6.7 中可以看到，teacher 表与 class 表都与关系表 tea_class 关联，且都是一对多的关系，因此 teacher 表与 class 表是多对多的关系，即一个老师可以负责多个班级，一个班级也可以有多个老师。

6.2　多表查询

6.1 节介绍了表与表之间的关系，在庞大的数据面前，如何实现多表之间的数据查询是一名 IT 从业人员需要面对的问题。本节将详细介绍多表之间数据查询的操作方法。

6.2.1　合并结果集

在进行多表查询时，常会遇到需要将多个表的查询结果合并的情况。MySQL 中提供 UNION 关键字和 UNION ALL 关键字用于将查询结果合并，下面对这两种查询方法进行讲解。

1. 使用 UNION 关键字合并

创建测试表 test1 和测试表 test2，然后分别向其中插入数据，再使用查询语句将两个表中的数据集合并。测试表 test1 的表结构如表 6.8 所示，测试表 test2 的表结构如表 6.9 所示。

表 6.8　　　　　　　　　　　　　　　　　　test1 表结构

字段	字段类型	约束类型	说明
id	INT	PRIMARY KEY	编号
name	VARCHAR(20)		姓名

表 6.9　　　　　　　　　　　　　　　　　　test2 表结构

字段	字段类型	约束类型	说明
id	INT	PRIMARY KEY	编号
name	VARCHAR(20)		姓名

　　根据表 6.8 和表 6.9 提供的数据结构分别创建测试表 test1 和测试表 test2，具体的操作代码如下所示。

```
mysql> create table test1(
    -> id int primary key,
    -> name varchar(20)
    -> );
Query OK, 0 rows affected (0.02 sec)

mysql> create table test2(
    -> id int primary key,
    -> name varchar(20)
    -> );
Query OK, 0 rows affected (0.02 sec)
```

　　从以上代码的执行结果可以看出测试表创建成功。下面向其中插入相关数据，具体代码如下所示。

```
mysql> insert into test1(id,name) values(1,'a'),(2,'b');
Query OK, 2 rows affected (0.01 sec)
Records: 2  Duplicates: 0  Warnings: 0

mysql> insert into test2(id,name) values(1,'a'),(2,'c');
Query OK, 2 rows affected (0.01 sec)
Records: 2  Duplicates: 0  Warnings: 0
```

　　从上方代码的执行结果可以看出数据插入成功。尝试使用 UNION 关键字对两张表进行合并结果集查询。

```
mysql> select * from test1 union select * from test2;
+----+------+
| id | name |
+----+------+
|  1 | a    |
|  2 | b    |
|  2 | c    |
+----+------+
3 rows in set (0.01 sec)
```

　　从以上语句的执行结果可以看出，UNION 语句将 test1 表和 test2 表中的数据进行了合并。需要注意的是，使用 UNION 关键字合并数据时会去除重复的数据。因为 test1 表中和 test2 表中存在相同的数据，所以查询结果只显示一条数据。

2.　使用 UNION ALL 关键字合并

　　UNION ALL 关键字与 UNION 关键字的属性类似，它也可以实现查询结果的合并，但不同的是 UNION ALL 关键字不会去除掉合并结果中重复的数据。

　　使用 UNION ALL 关键字将 test1 表和 test2 表中的数据合并，具体的语句如下所示。

```
mysql> select * from test1 union all select * from test2;
+----+------+
| id | name |
+----+------+
|  1 | a    |
|  2 | b    |
```

```
| 1 | a     |
| 2 | c     |
+----+------+
4 rows in set (0.00 sec)
```

从上方代码的执行结果可以看出，使用 UNION ALL 关键字将 test1 表和 test2 表中的数据进行了合并，并且两张表中的相同的数据"a"并没有被去除。

6.2.2　关于笛卡儿积

笛卡儿积可以理解为两个集合中所有数组的排列组合。在数据库中，使用这个概念表示两个表中的每一行数据的所有组合，如图 6.8 所示。

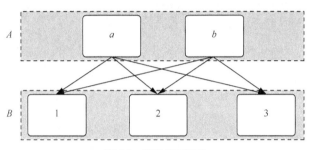

图 6.8　笛卡儿积关系

在图 6.8 中，表 A 中存在数据 a 和 b，使用集合形式表示为 A={a,b}。表 B 中存在数据 1、2、3，使用集合形式表示为 B={1,2,3}。则两个表的笛卡儿积为 {(a,0), (a,1), (a,2), (b,0), (b,1), (b,2)}。

MySQL 中使用交叉查询可以实现两个表之间所有数据的组合，语句的基本格式如下所示。

```
SELECT 查询字段 FROM 表1 CROSS JOIN 表2;
```

交叉查询语法格式中，CROSS JOIN 关键字用于连接两个要查询的表，从而实现查询两个表中的所有数据组合。接下来通过具体案例演示交叉查询语句的用法。

创建员工表 emp 和部门表 dept，emp 表结构如表 6.10 所示，dept 表结构如表 6.11 所示。

表 6.10　　　　　　　　　　　　　　　　emp 表结构

字段	字段类型	说明
empno	int	员工编号
ename	varchar(50)	员工姓名
		员工基本工资
hiredate	date	入职日期
deptno	int	部门编号

表 6.11　　　　　　　　　　　　　　　　dept 表结构

字段	字段类型	说明
deptno	int	部门编号
dname	varchar(50)	部门名称
loc	varchar(50)	部门所在地点

根据相关的表结构分别创建员工表 emp 和部门表 dept，具体的 SQL 语句与执行过程如下所示。

```
mysql> create table emp(
    -> empno int comment '员工编号',
    -> ename varchar(50) comment '员工姓名',
    -> hiredate date comment '入职日期',
    -> deptno int comment '部门编号'
    -> );
Query OK, 0 rows affected (0.14 sec)

mysql> create table dept(
    -> deptno int comment '部门编号',
    -> dname varchar(14) comment '部门名称',
    -> loc varchar(13) comment '部门所在地点'
    -> );
Query OK, 0 rows affected (0.10 sec)

mysql> show tables;
+---------------+
| Tables        |
+---------------+
| dept          |
| emp           |
+---------------+
2 rows in set (0.00 sec)
```

员工表 emp 和部门表 dept 创建完成后，分别向两张表中插入数据，具体的 SQL 语句和执行过程如下所示。

```
mysql> insert into emp values
    -> (0001, 'zhangsan', '2018-1-1', 20),
    -> (0002, 'lisi', '2018-02-20', 30),
    -> (0003, 'wangwu', '2019-02-22', 30),
    -> (0004, 'maliu', '2019-04-02', 20),
    -> (0005, 'zhaoqi', '2019-09-28', 30)
    -> ;
Query OK, 5 rows affected (0.25 sec)
Records: 5  Duplicates: 0  Warnings: 0

mysql> INSERT INTO dept values
    -> (10, 'ACCOUNTING', 'beijing'),
    -> (20, 'RESEARCH', 'shanghai'),
    -> (30, 'SALES', 'hangzhou'),
    -> (40, 'OPERATIONS', 'shenzhen')
    -> ;
Query OK, 4 rows affected (0.00 sec)
Records: 4  Duplicates: 0  Warnings: 0
```

从上方代码的执行结果可以看出，已经成功地向 emp 表和 dept 表中插入数据。接下来使用 SELECT 命令查看两张表的详细内容，具体的 SQL 语句如下所示。

```
mysql> select * from emp;
+-------+----------+------------+--------+
| empno | ename    | hiredate   | deptno |
```

```
+-------+-----------+------------+--------+
|     1 | zhangsan  | 2018-01-01 |     20 |
|     2 | lisi      | 2018-02-20 |     30 |
|     3 | wangwu    | 2019-02-22 |     30 |
|     4 | maliu     | 2019-04-02 |     20 |
|     5 | zhaoqi    | 2019-09-28 |     30 |
+-------+-----------+------------+--------+
5 rows in set (0.00 sec)

mysql> select * from dept;
+--------+------------+----------+
| deptno | dname      | loc      |
+--------+------------+----------+
|     10 | ACCOUNTING | beijing  |
|     20 | RESEARCH   | shanghai |
|     30 | SALES      | hangzhou |
|     40 | OPERATIONS | shenzhen |
+--------+------------+----------+
4 rows in set (0.00 sec)
```

最后使用交叉查询的方式查询 emp 表和 dept 表中所有数据的组合，具体的 SQL 语句如下所示。

```
mysql> select e.empno,e.ename,d.deptno,d.dname from emp e cross join dept d;
+-------+-----------+--------+------------+
| empno | ename     | deptno | dname      |
+-------+-----------+--------+------------+
|     1 | zhangsan  |     10 | ACCOUNTING |
|     1 | zhangsan  |     20 | RESEARCH   |
|     1 | zhangsan  |     30 | SALES      |
|     1 | zhangsan  |     40 | OPERATIONS |
|     2 | lisi      |     10 | ACCOUNTING |
|     2 | lisi      |     20 | RESEARCH   |
|     2 | lisi      |     30 | SALES      |
|     2 | lisi      |     40 | OPERATIONS |
|     3 | wangwu    |     10 | ACCOUNTING |
|     3 | wangwu    |     20 | RESEARCH   |
|     3 | wangwu    |     30 | SALES      |
|     3 | wangwu    |     40 | OPERATIONS |
|     4 | maliu     |     10 | ACCOUNTING |
|     4 | maliu     |     20 | RESEARCH   |
|     4 | maliu     |     30 | SALES      |
|     4 | maliu     |     40 | OPERATIONS |
|     5 | zhaoqi    |     10 | ACCOUNTING |
|     5 | zhaoqi    |     20 | RESEARCH   |
|     5 | zhaoqi    |     30 | SALES      |
|     5 | zhaoqi    |     40 | OPERATIONS |
+-------+-----------+--------+------------+
20 rows in set (0.01 sec)
```

上方语句中一共查询出 20 条员工表 emp 与部门表 dept 的数据组合。需要注意，这里分别为 emp 表和 dept 表定义了别名（emp 表别名为 e，dept 表别名为 d）。

在实际应用中，通过笛卡儿积得到的数据并不能提供有效的信息，对两张表进行连接查询时，使用交叉查询并加入限制条件，所得到的数据才会有实际意义。

查询每个员工及其对应部门的信息时加入过滤条件，将不需要的数据过滤掉，具体的 SQL 语句如下所示。

```
mysql> select e.empno,e.ename,d.deptno,d.dname
    -> from emp e
    -> cross join dept d
    -> where e.deptno=d.deptno;
+-------+----------+--------+----------+
| empno | ename    | deptno | dname    |
+-------+----------+--------+----------+
|     1 | zhangsan |     20 | RESEARCH |
|     2 | lisi     |     30 | SALES    |
|     3 | wangwu   |     30 | SALES    |
|     4 | maliu    |     20 | RESEARCH |
|     5 | zhaoqi   |     30 | SALES    |
+-------+----------+--------+----------+
5 rows in set (0.02 sec)
```

从以上执行结果可看出，使用交叉查询并加入过滤条件，成功查询出所有员工及其对应的部门信息。

6.2.3　内连接

MySQL 的 INNER JOIN 子句可以将一个表中的行与其他表中的行进行匹配，并允许从两个表查询包含列的行记录，效果与 CROSS JOIN 语句类似，其具体的语法格式如下所示。

```
SELECT 查询字段
FROM 表 1
[INNER] JOIN 表 2 ON 连接条件 1
[INNER] JOIN 表 3 ON 连接条件 2
...
WHERE 查询条件;
```

以上语法格式中，INNER JOIN 用于连接两个表，因为 MySQL 默认的连接方式就是内连接，所以语法格式中的 INNER 可以省略。ON 用来指定连接条件，类似于 WHERE。INNER JOIN 子句的工作原理如图 6.9 所示。

简单地说，INNER JOIN 子句就是将两个表中的记录组合，并返回关联字段相符的记录，也就是返回两个表的交集（阴影）部分。INNER JOIN 子句是 SELECT 语句的可选部分，它出现在 FROM 子句之后。在使用 INNER JOIN 子句时，需要注意以下问题。

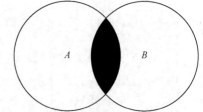

图 6.9　INNER JOIN 子句的工作原理

（1）需要在 FROM 子句中指定主表。

（2）理论上讲，INNER JOIN 子句可以连接多个其他表，但是，为了获得更好的性能，建议连接表的数量不要超过 3 个。

（3）连接条件需要出现在 INNER JOIN 子句的 ON 关键字之后，连接条件是将主表中的行与其他表中的行进行匹配的规则。

为了使读者更加清楚地了解 INNER JOIN 语句的使用方法，下面将用具体的实例进行演示。

使用 INNER JOIN 子句查询每个员工及其对应部门的信息，具体的 SQL 语句如下所示。

```
mysql> select e.empno,e.ename,d.deptno,d.dname
    -> from emp e
    -> join dept d on e.deptno=d.deptno
    ->;
+-------+----------+--------+----------+
| empno | ename    | deptno | dname    |
+-------+----------+--------+----------+
|     1 | zhangsan |     20 | RESEARCH |
|     2 | lisi     |     30 | SALES    |
|     3 | wangwu   |     30 | SALES    |
|     4 | maliu    |     20 | RESEARCH |
|     5 | zhaoqi   |     30 | SALES    |
+-------+----------+--------+----------+
5 rows in set (0.00 sec)
```

从上方代码的执行结果可以看出，使用 INNER JOIN 子句查询出了每个员工对应的部门信息，读者可以与前面使用的 CROSS JOIN 语句进行对比。另外，INNER JOIN 子句后也可以加入查询条件。例如，查询编号为 0001 的员工的详细信息的 SQL 语句如下。

```
mysql> select e.empno,e.ename,d.deptno,d.dname
    -> from emp e
    -> join dept d on e.deptno=d.deptno
    -> where empno=0001
    ->;
+-------+----------+--------+----------+
| empno | ename    | deptno | dname    |
+-------+----------+--------+----------+
|     1 | zhangsan |     20 | RESEARCH |
+-------+----------+--------+----------+
1 row in set (0.00 sec)
```

从上方代码的执行结果可以看出，成功查询出了 0001 号员工的详细信息。

6.2.4　外连接

外连接查询与内连接查询不同的是，内连接查询的返回结果只包含符合查询条件和连接条件的数据，而外连接查询可以返回没有关联的数据，返回结果不仅包含符合条件的数据，而且包含左表或右表或两个表中的所有数据。外连接查询主要包括左外连接和右外连接，接下来进行详细讲解。

1. 左外连接

左外连接以左表为基准，查询结果中不仅显示左表满足条件的数据，还显示不满足条件的数据（左表的数据全部显示），而右表只保留满足条件的数据，不满足条件的显示为空。左外连接的工作原理如图 6.10 所示。

图 6.10 中的阴影部分表示左外连接的查询结果。左外连接查询的具体语法格式如下所示。

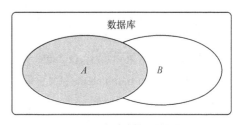

图 6.10　左外连接工作原理

```
SELECT 查询字段 FROM 表1 LEFT [OUTER] JOIN 表2
ON 表1.关系字段=表2.关系字段
WHERE 查询条件;
```

以上语法格式中，LEFT JOIN 表示返回左表中的所有记录以及右表中符合连接条件的记录，OUTER 是可以省略的，ON 后面是两张表的连接条件，WHERE 后面可以加查询条件。接下来通过具体案例演示左外连接的使用。

新建 a_table 表和 b_table 表，并向其中插入数据，两张表的详细内容如下。

```
mysql> select * from a_table;
+------+--------+-----------+
| a_id | a_name | a_part    |
+------+--------+-----------+
|    1 | 老张   | 总裁部    |
|    2 | 老王   | 秘书部    |
|    3 | 老李   | 设计部    |
|    4 | 老赵   | 运营部    |
+------+--------+-----------+
4 rows in set (0.00 sec)

mysql> select * from b_table;
+------+--------+-----------+
| b_id | b_name | b_part    |
+------+--------+-----------+
|    2 | 老周   | 开发部    |
|    3 | 老吴   | 设计部    |
|    5 | 老郑   | 设计部    |
|    6 | 老杨   | 人事部    |
+------+--------+-----------+
4 rows in set (0.00 sec)
```

使用左外连接查询 a_table 表和 b_table 表的所有员工信息，其中 a_table 为左表，具体的 SQL 语句如下所示。

```
mysql> select * from a_table a left join b_table b on a.a_id=b.b_id;
+------+--------+-----------+------+--------+-----------+
| a_id | a_name | a_part    | b_id | b_name | b_part    |
+------+--------+-----------+------+--------+-----------+
|    2 | 老王   | 秘书部    |    2 | 老周   | 开发部    |
|    3 | 老李   | 设计部    |    3 | 老吴   | 设计部    |
|    1 | 老张   | 总裁部    | NULL | NULL   | NULL      |
|    4 | 老赵   | 运营部    | NULL | NULL   | NULL      |
+------+--------+-----------+------+--------+-----------+
4 rows in set (0.00 sec)
```

从以上执行结果可看出，a_table 表中的所有员工信息都显示了出来，而 b_tableb 表中员工编号为 5 和 6 的两位员工的信息并没有显示。

2. 右外连接

右外连接以右表为基准，右表的数据行全部保留，左表保留符合连接条件的行。右外连接的工作原理如图 6.11 所示。

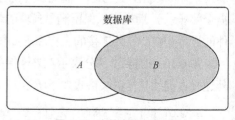

图 6.11　右外连接工作原理

图 6.11 中的阴影部分表示右外连接的查询结果。右外连接查询的具体语法格式如下所示。

```
SELECT 查询字段 FROM 表 1 RIGHT [OUTER] JOIN 表 2
ON 表 1.关系字段=表 2.关系字段
WHERE 查询条件;
```

右外连接与左外连接一样，语法格式中的 ON 后面是两张表的连接条件。使用右外连接对 a_table 表和 b_table 表进行查询，并以 b_table 表为右表的 SQL 语句如下所示。

```
mysql> select * from a_table a right join b_table b on a.a_id=b.b_id;
+------+--------+--------+------+--------+--------+
| a_id | a_name | a_part | b_id | b_name | b_part |
+------+--------+--------+------+--------+--------+
|    2 | 老王    | 秘书部  |    2 | 老周    | 开发部  |
|    3 | 老李    | 设计部  |    3 | 老吴    | 设计部  |
| NULL | NULL   | NULL   |    5 | 老郑    | 设计部  |
| NULL | NULL   | NULL   |    6 | 老杨    | 人事部  |
+------+--------+--------+------+--------+--------+
4 rows in set (0.01 sec)
```

从以上代码的执行结果可看出，b_table 表的数据全部显示了出来，而 a_table 表中员工编号为 1 和 4 的员工信息并没有显示出来。

6.2.5 自然连接

前面学习的表连接查询需要指定表与表之间的连接字段，MySQL 中还有一种自然连接，不需要指定连接字段，表与表之间列名和数据类型相同的字段会被自动匹配。自然连接默认按内连接的方式进行查询，其语法格式如下所示。

```
SELECT 查询字段 FROM 表 1 [别名] NATURAL JOIN 表 2 [别名];
```

以上语法格式中，通过 NATURAL 关键字使两张表进行自然连接，默认按内连接的方式进行查询。使用自然连接查询 emp 表和 dept 表的员工信息的 SQL 语句如下所示。

```
mysql> select e.empno,e.ename,d.deptno,d.dname from emp e natural join dept d;
+-------+----------+--------+------------+
| empno | ename    | deptno | dname      |
+-------+----------+--------+------------+
|     1 | zhangsan |     10 | ACCOUNTING |
|     2 | lisi     |     30 | SALES      |
|     3 | wangwu   |     30 | SALES      |
|     4 | maliu    |     20 | RESEARCH   |
|     5 | zhaoqi   |     30 | SALES      |
+-------+----------+--------+------------+
5 rows in set (0.00 sec)
```

从以上执行结果可看出，通过自然连接，不需要指定连接字段，就会查询出正确的结果，不会出现重复数据，这是自然连接默认的连接查询方式。自然连接也可以指定使用左连接或右连接的方式进行查询，语法格式如下所示。

```
SELECT 查询字段 FROM 表 1 [别名] NATURAL [LEFT|RIGHT] JOIN 表 2 [别名];
```

以上语法格式中，若需要指定左连接或右连接，添加 LEFT 关键字或 RIGHT 关键字即可。关于自然连接的左连接查询和右连接查询此处不再赘述，读者可以自行操作。

6.2.6　嵌套查询

嵌套查询又被称为子查询，其语句特点是在 SELECT 语句中包含 SELECT 语句。子查询可以在 WHERE 关键字后作为查询条件或在 FROM 关键字后作为表来使用，接下来详细讲解子查询的相关内容。

1. 子查询作为查询条件

在复杂查询中，子查询往往作为查询条件来使用，它可以嵌套在一个 SELECT 语句中，SELECT 语句放在 WHERE 关键字后。执行查询语句时，首先会执行子查询中的语句，然后将返回结果作为外层查询的过滤条件。接下来通过具体实例演示子查询作为查询条件的使用。

【例 6-1】　查询所有工资高于 JONES 的员工的信息。

```
mysql> select * from emp
    -> where sal > (select sal from emp where ename='jones');
+-------+-------+-----------+------+------------+---------+------+--------+
| empno | ename | job       | mgr  | hiredate   | sal     | comm | deptno |
+-------+-------+-----------+------+------------+---------+------+--------+
|  7788 | SCOTT | ANALYST   | 7566 | 1987-04-19 | 3000.00 | NULL |     20 |
|  7839 | KING  | PRESIDENT | NULL | 1981-11-17 | 5000.00 | NULL |     10 |
|  7902 | FORD  | ANALYST   | 7566 | 1981-12-03 | 3000.00 | NULL |     20 |
+-------+-------+-----------+------+------------+---------+------+--------+
3 rows in set (0.04 sec)
```

从以上执行结果可看出，有 3 个员工的工资高于 JONES。SQL 语句中使用子查询查出了 JONES 的工资，将结果作为查询条件查出了工资高于 JONES 的员工的信息。

【例 6-2】　查询与 SCOTT 同一个部门的所有员工的信息。

```
mysql> select * from emp
    -> where deptno = (select deptno from emp where ename='scott');
+-------+-------+---------+------+------------+---------+------+--------+
| empno | ename | job     | mgr  | hiredate   | sal     | comm | deptno |
+-------+-------+---------+------+------------+---------+------+--------+
|  7369 | SMITH | CLERK   | 7902 | 1980-12-17 |  800.00 | NULL |     20 |
|  7566 | JONES | MANAGER | 7839 | 1981-04-02 | 2975.00 | NULL |     20 |
|  7788 | SCOTT | ANALYST | 7566 | 1987-04-19 | 3000.00 | NULL |     20 |
|  7876 | ADAMS | CLERK   | 7788 | 1987-05-23 | 1100.00 | NULL |     20 |
|  7902 | FORD  | ANALYST | 7566 | 1981-12-03 | 3000.00 | NULL |     20 |
+-------+-------+---------+------+------------+---------+------+--------+
5 rows in set (0.00 sec)
```

从以上执行结果可看出，有 5 个员工与 SCOTT 在同一个部门。SQL 语句中使用子查询查出了 SCOTT 的部门编号，将结果作为查询条件查出了该部门的所有员工信息。

【例 6-3】　查询工资高于 30 号部门所有人的员工的信息。

```
mysql> select * from emp where
    -> sal > all (select sal from emp where deptno=30);
+-------+-------+-----+------+------------+---------+------+--------+
| empno | ename | job | mgr  | hiredate   | sal     | comm | deptno |
```

```
+-------+---------+-----------+------+------------+---------+------+--------+
| 7566  | JONES   | MANAGER   | 7839 | 1981-04-02 | 2975.00 | NULL |     20 |
| 7788  | SCOTT   | ANALYST   | 7566 | 1987-04-19 | 3000.00 | NULL |     20 |
| 7839  | KING    | PRESIDENT | NULL | 1981-11-17 | 5000.00 | NULL |     10 |
| 7902  | FORD    | ANALYST   | 7566 | 1981-12-03 | 3000.00 | NULL |     20 |
+-------+---------+-----------+------+------------+---------+------+--------+
4 rows in set (0.02 sec)
```

从以上执行结果可看出，有 4 个员工工资高于 30 号部门所有人。SQL 语句中使用子查询查出了 30 号部门所有人的工资，将结果作为查询条件进行比较。

2. 子查询作为表

前面讲解了子查询作为查询条件来使用，子查询还可以作为表来使用。SELECT 子句放在 FROM 关键字后，执行查询语句时，首先会执行子查询中的语句，然后将返回结果作为外层查询的数据源使用。接下来通过具体实例演示子查询作为表的使用。

【例 6-4】　查询员工编号为 7788 的员工的名字、工资、部门名称、部门地址。

```
mysql> select e.ename, e.sal, d.dname, d.loc
    -> from emp e, (select dname,loc,deptno from dept) d
    -> where e.deptno=d.deptno and e.empno=7788;
+-------+---------+----------+--------+
| ename | sal     | dname    | loc    |
+-------+---------+----------+--------+
| SCOTT | 3000.00 | RESEARCH | DALLAS |
+-------+---------+----------+--------+
1 row in set (0.02 sec)
```

从以上执行结果可看出，编号为 7788 的员工是 SCOTT，查询语句查询出了他的名字、工资、部门名称和部门地址。SQL 语句中使用子查询查出了所有的部门编号、部门名称和部门地址，然后将返回结果作为外层查询的数据源使用。

6.3　本章小结

本章首先讲解了数据表之间的一对一、一对多和多对多关系，然后介绍了关于多个表的数据操作，包括查询结果的合并、内连接、外连接和嵌套查询等。多表间的数据操作读者应该多加练习，通过实践加深记忆。

6.4　习题

1. 填空题

（1）表与表之间的关系包括_____、_____、_____、_____。

（2）左外连接以_____为基准。

（3）右外连接查询中，左表_____数据保留。

（4）在数据库中，使用_____表示两个表中的每一行数据的所有组合。

（5）嵌套查询又被称为_____，其语句特点是_____。

2．选择题

（1）数据库中使用（　　　）可以合并两个表的查询结果。

A．UNION　　　　　　B．CROSS JOIN　　　C．INNER JOIN　　　D．SELECT

（2）UNION 和 UNION ALL 的区别是（　　　）。

A．UNION 不会去除重复的数据　　　　　　B．UNION 会去除重复的数据

C．UNION ALL 不会去除重复的数据　　　　D．以上都不是

（3）表的多对多关系中，需要通过（　　　）关联。

A．SQL 语句　　　　　B．笛卡儿积　　　　C．嵌套　　　　　　D．第三张表

（4）MySQL 中默认的连接查询方式是（　　　）。

A．自然连接　　　　　B．子链接　　　　　C．内连接　　　　　D．外连接

（5）嵌套查询实际上是在 SELECT 语句中加入（　　　）语句。

A．UPDATE　　　　　B．SELECT　　　　　C．UNION　　　　　D．FROM

3．简答题

（1）简述表与表之间有哪些关系。

（2）简述 UNION 和 UNION ALL 的区别。

（3）简述左外连接和右外连接的区别。

第 7 章　权限与账户管理

本章学习目标
- 了解什么是权限表
- 掌握数据库用户权限的设置方法
- 熟悉数据库配置文件的基本设置
- 掌握 MySQL 访问控制的方法

MySQL 是一个多用户数据库，具有功能强大的访问控制系统，可以为不同的用户指定不同的权限。MySQL 的用户管理与 Linux 操作系统类似，主要分为普通用户和 root（超级管理员）用户。其中 root 用户具有所有权限，包括创建普通用户、删除用户和修改用户的密码等管理权限，在实际的项目应用中，可以根据不同的需求创建不同权限的普通用户。本章将详细介绍 MySQL 中的权限管理。

7.1　权限表

MySQL 服务器将用户的登录数据以权限表的形式存储到系统默认的数据库中，当用户访问数据库时，系统会将登录用户的数据与存储在数据库中的相关数据进行信息比对，信息一致则登录成功，否则登录失败。

权限表由 mysql_install_db 脚本初始化，其中存储用户权限的信息表主要有 user、db、host、tables_priv、columns_priv 和 procs_priv。本节将为读者介绍这些表的内容和作用。

MySQL 安装完成后，会自动创建默认的数据库，这些数据库中存储着与 MySQL 相关的配置信息和一些基本数据，使用相关命令查看系统中的数据库，操作代码如下所示。

```
mysql> select version();
+-----------+
| version() |
+-----------+
| 5.7.27    |
+-----------+
1 row in set (0.00 sec)

mysql> show databases;
+--------------------+
| Database           |
```

```
+--------------------+
| information_schema |
| mysql              |
| performance_schema |
| sys                |
+--------------------+
4 rows in set (0.00 sec)
```

MySQL 5.7 默认的数据库包括 information_schema、mysql、performance_schema 和 sys（MySQL 5.6 默认的数据库为 information_schema、mysql、performance_schema、test），下面将详细介绍这些默认的数据库。

1. information_schema

information_schema 数据库中保存着关于 MySQL 服务器所维护的所有其他数据库的信息，这些信息被统称为元数据。需要注意，在 information_schema 中存在一些只读表，这些表实际上只是视图，并不是基本表，因此，在这些表中将无法看到与之相关的任何文件。视图是由基本表导出的虚拟表，并不会展示出所有数据，用户只能通过视图修改查看到的数据。

information_schema 数据库也被称为"系统目录"和"数据字典"，每个用户都有权访问这些表，但只能看到表中与用户访问权限相应的行，其他的信息则会显示为 NULL。information_schema 数据库中的主要表如表 7.1 所示。

表 7.1　　information_schema 数据库中的主要表

表名称	说明
SCHEMATA	提供了当前 MySQL 实例中所有数据库的信息，主要包括架构名称、系统默认的字符集、默认的排序规则等
TABLES	提供了关于数据库中表的信息（包括视图），详细表述了某个表的所属模式、类型、引擎、创建时间等信息，命令 SHOW TABLES FROM SCHEMANAME 的结果取自此表
COLUMNS	提供了表中的列信息，详细表述了某张表的所有列以及每个列的信息，SHOW COLUMNS FROM SCHEMANAME.TABLENAME 命令的结果取自此表
STATISTICS	提供了关于表索引的信息，SHOW INDEX FROM SCHEMANAME.TABLENAME 的结果取自此表
USER_PRIVILEGES	提供了关于全程权限的信息，信息源为 mysql.user 授权表，为非标准表
SCHEMA_PRIVILEGES	提供了有关架构（数据库）权限的信息，信息源为 mysql.db 授权表，为非标准表
TABLE_PRIVILEGES	提供了关于表权限的信息，信息源为 mysql.tables_priv 授权表，为非标准表
COLUMN_PRIVILEGES	提供了关于列权限的信息，信息源为 mysql.columns_priv 授权表，为非标准表
CHARACTER_SETS	提供了 MySQL 实例中可用的字符集信息，SHOW CHARACTER SET 结果集取自此表
COLLATIONS	提供了有关字符集的排序规则的信息
COLLATION_CHARACTER_SET_APPLICABILITY	指明了什么字符集适用什么排序规则
TABLE_CONSTRAINTS	描述了哪些表具有约束
KEY_COLUMN_USAGE	描述了哪些键列具有约束
ROUTINES	提供了关于存储子程序（存储程序和函数）的信息。此表不包含自定义函数（UDF）
VIEWS	提供了关于数据库中的视图的信息，需要有 show views 权限，否则无法查看视图信息
TRIGGERS	提供了关于触发程序的信息，需要有超级权限才能查看该表

更多关于 information_schema 数据库的信息读者可以参考更加详细的官方文档。

2.　mysql

mysql 数据库是系统的核心数据库，主要负责存储数据库的用户、权限设置、关键字等 MySQL 自己需要使用的控制和管理信息。需要注意，此表不可以删除。另外，如果对 MySQL 不是很了解，也不建议修改这个数据库里面表的信息。使用相关 SQL 语句可以查看 mysql 数据库的表，具体代码如下所示。

```
mysql> use mysql;
Reading table information for completion of table and column names
You can turn off this feature to get a quicker startup with -A

Database changed
mysql> show tables;
+---------------------------+
| Tables_in_mysql           |
+---------------------------+
| columns_priv              |
| db                        |
| engine_cost               |
| event                     |
| func                      |
| general_log               |
| gtid_executed             |
| help_category             |
| help_keyword              |
| help_relation             |
| help_topic                |
| innodb_index_stats        |
| innodb_table_stats        |
| ndb_binlog_index          |
| plugin                    |
| proc                      |
| procs_priv                |
| proxies_priv              |
| server_cost               |
| servers                   |
| slave_master_info         |
| slave_relay_log_info      |
| slave_worker_info         |
| slow_log                  |
| tables_priv               |
| time_zone                 |
| time_zone_leap_second     |
| time_zone_name            |
| time_zone_transition      |
| time_zone_transition_type |
| user                      |
+---------------------------+
31 rows in set (0.00 sec)
```

mysql 数据库中关于系统访问权限和授权信息的表如下。

（1）user：包含用户账户和全局权限以及其他非权限列表（安全配置选项列和资源控制选项列）。

（2）db：数据库级别的权限表。

（3）tables_priv：表级别的权限表。

（4）columns_priv：列级权限表。

（5）procs_priv：存储过程和函数权限表。

（6）proxies_priv：代理用户权限表。

3．performance_schema

performance_schema 是 MySQL 5.5 中加入的一个优化引擎，主要用于收集数据库服务器性能参数，在 MySQL 5.7 中默认为开启状态（MySQL 5.5 中默认为关闭状态）。如果需要开启该引擎，需要在 MySQL 配置文件 my.cnf 中设置静态参数 performance_schema，具体代码如下所示。

```
[mysqld]
performance_schema=ON
```

用户也可以通过相关命令查看 performance_schema 引擎是否开启，具体的 SQL 语句如下所示。

```
mysql> show variables like 'performance_schema';
+--------------------+-------+
| Variable_name      | Value |
+--------------------+-------+
| performance_schema | ON    |
+--------------------+-------+
1 row in set (0.10 sec)
```

需要注意，因为 performance_schema 数据库中表的存储引擎均为 PERFORMANCE_SCHEMA，所以用户不能创建存储引擎为 PERFORMANCE_SCHEMA 的表。

MySQL 服务器维护着许多指示其配置方式的系统变量，这些性能模式表提供了系统变量信息。performance_schema 数据库中的表可以分为以下几类。

（1）设置表：主要用于配置和显示监视特征。

（2）当前事件表：该表包含每个线程的最新事件，按层次不同，可分为阶段事件（events_stages_current）、语句事件（events_statements_current）和事务事件（events_transactions_current）。

（3）历史记录表：与当前事件表具有相同的结构，但包含更多行。如果需要更改历史记录表的大小，可以在服务器启动时设置适当的系统变量。例如，如果需要设置等待事件历史记录表的大小，可以设置 performance_schema_events_waits_history_size 和 performance_schema_events_waits_history_long_size。

（4）汇总表：主要包含按事件组聚合的信息，包括已从历史记录表中丢弃的事件。

（5）实例表：记录了要检测的对象类型，当服务器使用检测对象时，会产生一个事件。这类表提供了事件名称和说明性注释或状态信息。

（6）杂项表：不属于任何其他表组。

需要注意，performance_schema 数据库主要收集的是系统性能的数据，而 information_schema 数据库主要存储的是系统方面的元数据，两者要加以区分。

4．sys

sys 数据库所有的数据来自 performance_schema 数据库，主要是为了将 performance_schema 数据库的复杂度降低，让数据库管理员（Database Administrator，DBA）能更好地阅读库中的内容并了解库的运行情况。

7.2　账户管理

MySQL 提供丰富的语句来管理用户账户，这些语句主要可以用来登录和退出 MySQL 服务器、创建和删除用户、管理密码和权限等。数据库的安全性也需要通过账户管理来保证。本节将详细介绍 MySQL 如何对用户账户进行管理。

7.2.1　登录和退出数据库

只有登录到数据库中才可以对数据进行操作。接下来将介绍数据库的登录操作和其相关参数的使用。

1. 登录数据库

用户可以通过使用 SQL 命令并在语句后面指定登录主机名以及用户名和密码来登录数据库，另外，使用 mysql --help 命令可以查看 MySQL 命令的帮助信息。MySQL 登录命令中常用的参数如下。

（1）-h：使用该参数可以指定主机名（hostname）或 IP 地址，如果不指定，默认为 localhost（本地主机）。

（2）-u：使用该参数可以指定登录的用户（user）。

（3）-p：使用该参数可以指定登录密码（password）。如果该参数后面有一字段，则该字符串将作为用户的密码直接登录；如果该参数后面没有内容，则会在登录的时候提示输入密码。需要注意，该参数后面的字符串和-p 之间不能存在空格。

（4）-P：使用该参数可以指定登录 MySQL 的端口号（Port），如果不指定，默认为 3306 端口。

（5）-e：使用该参数可以指定执行的 SQL 语句。需要注意，如果设置了该参数，登录后执行-e 后面的命令（或 SQL 语句）后将自动退出。

（6）数据库名：可以在命令的最后指定数据库名。

为了使读者更加清楚地了解 MySQL 数据库的登录参数，下面列举出比较常用的命令。例如，使用 root 用户并且密码为 123，登录 MySQL 数据库的 SQL 语句如下。

```
[root@localhost ~]# mysql --user=root --password=123
```

也可以通过简写的形式来登录数据库。上方的 SQL 语句可简写如下。

```
[root@localhost ~]# mysql -uroot -p123
```

使用 root 用户并且密码为 123，登录到本地 MySQL 服务器的 mytest 库中，命令如下。

```
[root@localhost ~]# mysql -uroot -p123 mytest
```

用户如果不指定密码（password），在登录时则会被提醒输入密码。如果密码输入正确，则可以登录到数据库服务器，如下所示。

```
[root@localhost ~]# mysql -uroot -p
Enter password:
Welcome to the MySQL monitor.  Commands end with ; or \g.
Your MySQL connection id is 14
Server version: 5.7.27 MySQL Community Server (GPL)
```

```
Copyright (c) 2000, 2019, Oracle and/or its affiliates. All rights reserved.

Oracle is a registered trademark of Oracle Corporation and/or its
affiliates. Other names may be trademarks of their respective
owners.

Type 'help;' or '\h' for help. Type '\c' to clear the current input statement.

mysql>
```

需要注意，MySQL 要保证数据的安全性，因此，在这种情况下输入的密码为不可见状态（上方代码的加粗部分）。所以，在实际的操作中建议不要直接在-p 参数后指定用户密码，这样可以防止密码暴露。

使用 root 用户登录到本地 MySQL 服务器的 mytest 库中并同时执行一条查询语句的命令如下。

```
[root@localhost ~]# mysql -hlocalhost -uroot -p123 mytest -e"select * from test
where id=5;"
mysql: [Warning] Using a password on the command line interface can be insecure.
+----+----------+--------+------+
| id | name     | gender | age  |
+----+----------+--------+------+
| 5  | xiaoqian | 女     | 19   |
+----+----------+--------+------+
```

从上方代码的执行过程可以看出，通过在登录命令中使用-e 参数查询出了 mytest 库中的 test 表中 id 为 5 的数据信息。

2. 退出数据库

MySQL 服务器登录后可以使用以下 3 种方式退出。

（1）使用 exit 命令退出，如下所示。

```
mysql> exit
Bye
```

（2）使用 quit 命令退出，如下所示。

```
mysql> quit
Bye
```

（3）使用\q 命令退出，如下所示。

```
mysql> \q
Bye
```

另外，用户也可以使用 Ctrl + Z 快捷键将 MySQL 会话窗口隐藏在后台。

7.2.2 创建与删除用户

在实际的生产环境中，为了避免用户恶意冒名以 root 用户身份控制数据库，通常会创建一系列具备适当权限的普通用户，从而尽可能地不用或少使用 root 用户身份登录系统，以此来确保数据的安全访问。下面将介绍 MySQL 中创建普通用户的方法。

MySQL 中使用 CREATE USER 命令可以创建一个或者多个 MySQL 用户，并设置相应的登录口令，其语法格式如下所示：

```
CREATE USER <用户名与登录主机> IDENTIFIED BY [ PASSWORD ]
```

上方语句中"用户名与登录主机"指的是需要创建的用户名和允许登录的主机名或 IP 地址，格式为'user_name'@'host'，其中 user_name 为用户名，host 为允许登录的主机名或 IP 地址。如果允许所有主机登录 MySQL，则可以使用%表示所有主机。另外，如果不指定主机名，系统默认为%（即所有主机）。PASSWORD 表示创建用户的登录密码，如果不指定该项，则表示用户不需要密码即可登录。

在使用 CREATE USER 语句创建用户时应该注意以下几点。

（1）如果使用 CREATE USER 语句时没有为用户指定登录口令（密码），那么 MySQL 允许该用户不使用口令登录系统。在实际的应用场景中，出于对数据安全的考虑，不建议采用这种做法。

（2）用户使用 CREATE USER 语句时必须拥有 MySQL 服务器中 MySQL 数据库的 INSERT 权限或全局 CREATE USER 权限。

（3）使用 CREATE USER 语句创建一个用户后，系统自身的 MySQL 数据库的 user 表中会添加一条新记录。如果创建的用户已经存在，则语句执行时会出现错误。

（4）新创建的用户拥有的权限很少，只允许登录 MySQL 服务器或进行不需要权限的操作，如使用 SHOW 语句查询所有存储引擎和字符集的列表等。

（5）如果两个用户具有相同的用户名，但是具有不同的主机名，MySQL 会将他们视为不同的用户，并允许为这两个用户分配不同的权限集合。

下面通过具体的实例对创建用户时需要注意的事项进行说明。

创建用户 alice，登录密码为 123，并且指定其 IP 地址为 192.168.1.1 时才可以登录 MySQL 服务器。

```
create user 'alice'@'192.168.1.1' identified by '123';
```

创建用户 tom，登录密码为 123，并且使用 192.168.2 网段内的 IP 地址才可登录 MySQL 服务器。

```
create user 'tom'@'192.168.2.%' identified by '123';
```

创建用户 mike，允许其在任何 IP 地址上登录 MySQL 服务器，并且不需要使用登录密码。

```
create user 'mike'@;
```

需要注意，如果创建的用户不显示，可以使用强制刷新命令来刷新数据库和数据表，具体代码如下所示。

```
flush privileges;
```

用户创建完成后，可以通过查看 mysql.user 表来获取用户的基本信息。

```
mysql> select user,host from mysql.user;
+---------------+---------------+
| user          | host          |
+---------------+---------------+
| alice         | 192.168.1.1   |
| tom           | 192.168.2.%   |
| mike          | %             |
| mysql.session | localhost     |
```

```
| mysql.sys     | localhost     |
+---------------+---------------+
5 rows in set (0.01 sec)
```

尝试使用 mike 用户登录 MySQL 服务器，具体的 SQL 语句如下所示。

```
[root@localhost ~]# mysql -umike
Welcome to the MySQL monitor.  Commands end with ; or \g.
Your MySQL connection id is 4
Server version: 5.7.27 MySQL Community Server (GPL)

Copyright (c) 2000, 2019, Oracle and/or its affiliates. All rights reserved.

Oracle is a registered trademark of Oracle Corporation and/or its
affiliates. Other names may be trademarks of their respective
owners.

Type 'help;' or '\h' for help. Type '\c' to clear the current input statement.

mysql>
```

从上方代码的执行结果可以看出，系统并没有提示 mike 用户输入登录密码。接下来尝试使用 mike 用户创建一个名为 miketest 的数据库，并查看所有数据库，具体的语句如下所示。

```
mysql> create databases miketest;
ERROR 1064 (42000): You have an error in your SQL syntax; check the manual that
corresponds to your MySQL server version for the right syntax to use near 'databases
miketest' at line 1
mysql> show databases;
+--------------------+
| Database           |
+--------------------+
| information_schema |
+--------------------+
1 row in set (0.00 sec)
```

从上方代码的执行结果可以看出，mike 用户的权限不足导致创建数据库失败，使用 SHOW 命令查看所有的数据库也只显示系统默认的 information_schema 库。

MySQL 中可以直接使用 DROP 命令删除用户，也可以通过删除 mysql.user 表中的用户信息来达到删除用户的目的。两种方式的语句格式如下。

方式一：

```
drop user '用户名'@'主机地址'
```

方式二：

```
delete from mysql.user WHERE host='主机地址'and user='用户名'
```

使用 DROP 语句删除 tom 用户的语句如下。

```
mysql> drop user 'tom'@'192.168.2.%';
Query OK, 0 rows affected (0.01 sec)
mysql> select user,host from mysql.user;
+---------------+---------------+
| user          | host          |
+---------------+---------------+
```

```
| alice          | 192.168.1.1    |
| mike           | %              |
| mysql.session  | localhost      |
| mysql.sys      | localhost      |
+----------------+----------------+
4 rows in set (0.01 sec)
```

从代码的执行结果可以看出，tom 用户已经被删除。

7.2.3 修改账户密码

账户密码作为登录数据库的关键参数，其安全性也是非常重要的。在实际的生产环境中，密码也要不定期修改，以避免黑客或其他无权人员侵入的风险。本节将详细介绍数据库中用户密码的修改方式和注意事项。

1. 通过 mysqladmin 命令修改

root 用户作为数据库系统的最高权限者，其账户信息的安全性是非常重要的。在 MySQL 中可以使用 mysqladmin 命令在命令行中指定新密码，mysqladmin 命令的基本语法格式如下所示。

```
mysqladmin -u username -h localhost -p "当前密码" password "新密码"
```

上方语句格式中，username 为需要修改密码的用户名；-h 参数指定登录主机，默认为 localhost；-p 参数指定当前密码；password 关键字后面双引号中的内容为设置的新密码。将 root 用户的密码修改为 123abc，具体的 SQL 语句如下所示。

```
[root@localhost ~]# mysqladmin -uroot password "123abc" -p
Enter password:
mysqladmin: [Warning] Using a password on the command line interface can be insecure.
Warning: Since password will be sent to server in plain text, use ssl connection to
ensure password safety.
```

从上方代码中可以看出，使用-p 参数后，系统提示输入旧密码，旧密码输入成功后，root 用户的密码将被修改为 123abc。

2. 通过 SET 命令修改

root 用户或普通用户在登录系统的情况下都可以使用 SET 语句来修改自己的密码。root 用户通过 SET 语句修改普通用户密码的语句格式如下所示。

```
set password for '用户名'@'ip 地址'=password('新密码');
```

需要注意，只有具备相应权限的用户才可以修改其他用户的密码。另外，用户在登录数据库的情况下，也可以用此命令修改自己的密码，语句可以简写为如下形式。

```
SET PASSWORD=PASSWORD('新密码');
```

例如，root 用户将 mike 用户的登录密码设置为 123 的 SQL 语句如下所示。

```
mysql> set password for 'mike'@''=password('123');
Query OK, 0 rows affected, 1 warning (0.00 sec)
```

mike 用户登录，将自己的密码修改为 abc 的 SQL 语句如下所示。

```
[root@localhost ~]# mysql -umike -p123
mysql: [Warning] Using a password on the command line interface can be insecure.
```

```
Welcome to the MySQL monitor.  Commands end with ; or \g.
Your MySQL connection id is 38
Server version: 5.7.27 MySQL Community Server (GPL)

Copyright (c) 2000, 2019, Oracle and/or its affiliates. All rights reserved.

Oracle is a registered trademark of Oracle Corporation and/or its
affiliates. Other names may be trademarks of their respective
owners.

Type 'help;' or '\h' for help. Type '\c' to clear the current input statement.

mysql> set password=password('abc');
Query OK, 0 rows affected, 1 warning (0.00 sec)
```

从上方代码的执行结果可以看出，mike 用户的密码成功修改为 abc。

3. 使用 ALTER 语句修改密码

在 MySQL 中也可以使用 ALTER 语句修改用户密码，语句的具体格式如下所示。

```
alter user '用户名'@'客户端来源 IP 地址' identified by '新密码';
```

使用此语句修改密码的操作读者可以自行实验，此处不再赘述。

4. 使用 UPDATE 命令修改密码

MySQL 中使用 UPDATE 命令可以直接修改 user 权限表中的信息，所以可以使用该命令达到修改密码的目的，具体的语句格式如下。

```
UPDATE mysql.user SET authentication_string=password('新密码') WHERE user='用户名'
and host='主机地址';
```

需要注意，root 用户忘记密码时，只有通过此方式才可以修改密码，使用 mysqladmin、SET、ALTER 等语句均不能修改密码。

5. 关于密码复杂度

MySQL 5.6 之后增加了密码强度验证插件 validate_password，该插件要求密码包含至少一个大写字母，一个小写字母，一个数字和一个特殊字符，并且密码总长度至少为 8 个字符。MySQL 5.7 默认该插件为启用状态，该插件会检查设置的密码是否符合当前的强度规则，若不符合则拒绝设置。

需要注意，为了降低实例的理解难度，前面章节中的操作是在 validate_password 插件关闭的情况下进行的。

在 MySQL 5.7 中，关闭该插件需要在配置文件 my.cnf 的[mysql]配置块中添加如下配置项。

```
plugin-load=validate_password.so
validate-password=OFF
```

保存退出后，重启 MySQL 服务即可使配置生效。另外，如果需要设置免密登录，可加入如下配置项。

```
skip-grant-tables=true
```

需要注意，出于数据安全方面的考虑，在实际生产环境中不建议取消密码强度验证和设置免密登录。

6. 忘记密码

如果 root 用户忘记密码,可以先停止 MySQL 服务并在配置文件中设置免密登录,然后重启服务。登录后使用相关命令修改 root 用户密码即可。具体的操作流程如下所示。

```
// 停止服务
# systemctl stop mysqld
// 启动免授权服务端, # 在/etc/my.cnf 配置文件中设置免密登录配置项
skip-grant-tables=1
// 在服务端本地执行 mysql 命令登录数据库
# mysql
// 登录后修改用户的密码
mysql> UPDATE mysql.user SET authentication_string=password('新密码') WHERE user=
'用户名' and host='主机地址';
// 退出 MySQL 并重启服务
# systemctl restart mysqld
//重新登录数据库后,强制刷新数据表
mysql> FLUSH PRIVILEGES;
```

需要注意,如果普通用户忘记密码,不建议使用此方式修改密码。在实际生产环境中,普通用户忘记密码后,可以通过 root 用户(或 DBA)修改密码。

7.2.4　删除与修改用户名

在 MySQL 中可以使用 DROP USER 语句删除用户,也可以直接使用 DELECT 语句删除 mysql.user 表中对应的用户信息,从而达到删除用户的目的。

使用 DROP USER 语句删除用户语法格式如下。

```
DROP USER '用户名'@'IP 地址';
```

使用 DELETE 语句删除用户语法格式如下。

```
DELETE FROM mysql.user WHERE host='主机地址'and user='用户名'
```

需要注意,如果用户已经登录到数据库服务器,删除用户的操作并不会阻止此用户当前的操作,命令要到用户对话被关闭后才生效。另外,也可以对已经创建的用户重新命名,语法格式如下所示。

```
RENAME USER '用户名'@'主机地址' TO '新用户名'@'IP 地址';
```

将 tom 用户的用户名修改为 tomtest 后删除该用户,具体的操作流程如下。

```
mysql> rename user 'tom'@ to 'tomtest'@;
Query OK, 0 rows affected (0.00 sec)

mysql> drop user 'tomtest'@;
Query OK, 0 rows affected (0.00 sec)
```

从上方代码的执行结果可以看出,tom 用户被修改用户名后又被删除。

7.3　权限管理

合理地分配权限是实现数据安全的重要保证,MySQL 数据库管理员可以通过多种方式来赋予用

户权限。本节将详细介绍数据库权限的设置方法。

7.3.1　MySQL 的权限

前面我们已经知道 MySQL 的用户和权限信息会被存储到数据库的权限表中，MySQL 启动时会自动加载这些权限信息，并将这些信息读取到内存。用户的相关权限在 user 表中也存在对应的列（拥有权限为 Y，不拥有为 N），以 mike 用户为例，其 user 表中对应的权限信息如下所示（代码的注释部分并不是命令的输出结果）。

```
mysql> select * from mysql.user where user='mike' and host=''\G
*************************** 1. row ***************************
                  Host:
                  User: mike
           Select_priv: N
           Insert_priv: N
           Update_priv: N
           Delete_priv: N
           Create_priv: N
             Drop_priv: N
           Reload_priv: N
         Shutdown_priv: N
          Process_priv: N
             File_priv: N
            Grant_priv: N
       References_priv: N
            Index_priv: N
            Alter_priv: N
          Show_db_priv: N
            Super_priv: N
 Create_tmp_table_priv: N
       Lock_tables_priv: N
          Execute_priv: N
       Repl_slave_priv: N
      Repl_client_priv: N
       Create_view_priv: N
         Show_view_priv: N
    Create_routine_priv: N
     Alter_routine_priv: N
       Create_user_priv: N
            Event_priv: N
          Trigger_priv: N
Create_tablespace_priv: N
              ssl_type:
            ssl_cipher:
           x509_issuer:
          x509_subject:
         max_questions: 0
           max_updates: 0
       max_connections: 0
  max_user_connections: 0
                plugin: mysql_native_password
 authentication_string: *23AE809DDACAF96AF0FD78ED04B6A265E05AA257
      password_expired: N
```

```
password_last_changed: 2020-02-15 07:34:01
    password_lifetime: NULL
        account_locked: N
1 row in set (0.00 sec)
```

用户权限表 user 中各权限列的对应范围如表 7.2 所示。

表 7.2　　　　　　　　　　　MySQL 的权限与 user 表

user 表中的权限列	权限名称	权限范围
Create_priv	CREATE	数据库、表、索引
Drop_priv	DROP	数据库、表、视图
Grant_priv	GRANT OPTION	数据库、表、存储过程
References_priv	REFERENCES	数据库、表
Event_priv	EVENT	数据库
Alter_priv	ALTER	数据库
Delete_priv	DELETE	表
Insert_priv	INSERT	表
Index_priv	INDEX	表
Select_priv	SELECT	表、列
Update_priv	UPDATE	表、列
Create_temp_table_priv	CREATE TEMPORARY TABLES	表
Lock_tables_priv	LOCK TABLES	表
Trigger_priv	TRIGGER	表
Create_view_priv	CREATE VIEW	视图
Show_view_priv	SHOW VIEW	视图
Alter_routine_priv	ALTER ROUTINE	存储过程、函数
Create_routine_priv	CREATE ROUTINE	存储过程、函数
Execute_priv	EXECUTE	存储过程、函数
File_priv	FILE	范围服务器上的文件
Create_tablespace_priv	CREATE TABLESPACE	服务器管理
Create_user_priv	CREATE USER	服务器管理
Process_priv	PROCESS	存储过程、函数
Reload_priv	RELOAD	访问服务器上的文件
Repl_client_priv	REPLICATION CLIENT	服务器管理
Repl_slave_priv	REPLICATION SLAVE	服务器管理
Show_db_priv	SHOW DATABASES	服务器管理
Shutdown_priv	SHUTDOWN	服务器管理
Super_priv	SUPER	服务器管理

  MySQL 中各权限的作用范围可以大致分为 5 层，分别为全局层级、数据库层级、表层级、列层级、子程序层级。由于权限的作用对象不同，因此权限的执行范围也不同。关于用户权限的详细说明如下所示。

  （1）CREATE 权限和 DROP 权限允许用户创建新数据库（表）和删除（移掉）已有数据库（表）。

  （2）SELECT 权限、INSERT 权限、UPDATE 权限和 DELETE 权限允许用户在数据库现有的表上进行操作。

  （3）INDEX 权限允许用户创建或删除索引。如果用户具有某个表的 CREATE 权限，也可以在 CREATE TABLE 语句中加入索引定义项。

  （4）ALTER 权限允许用户更改表的结构和重新命名表。

  （5）CREATE ROUTINE 权限允许用户创建要保存的程序（函数），ALTER ROUTINE 权限用来更改和删除保存的程序，EXECUTE 权限用来执行保存的程序。

  （6）GRANT 权限允许用户给其他用户授权。

  （7）FILE 权限允许用户使用 LOAD DATA INFILE 和 SELECT… INTO OUTFILE 等语句读写服务器上的文件，但不能将原有文件覆盖。

  MySQL 中也可以使用 MySQLadmin 程序或 SQL 语句设定其他权限用于管理性操作，具体如下所示。

  （1）reload 命令与 flush-privileges 命令实现的功能相似，可以使服务器将授权表重新读入内存。refresh 命令可以清空所有的表并关闭（或打开）记录文件。

  （2）shutdown 命令可以关闭服务（只能通过 MySQLadmin 程序执行）。

  （3）processlist 命令可以显示服务器内执行的线程信息。

  （4）kill 命令可以终止其他用户连接数据库或更改服务器的操作方式。

7.3.2　授予权限

  MySQL 中可以使用 GRANT 语句来授予用户相关权限，授予权限并设置相关密码的 GRANT 语法格式如下所示。

```
GRANT <privileges> ON <数据库名.表名> to <'username'@'hostname'> [identified by]
['password'] [WITH GRANT OPTION];
```

以上语法格式中，各参数的含义如下。

privileges：表示权限类型。

数据库.表：表示指定数据库中的某张表。另外，还可以使用符号"*"表示不指定。例如，<数据库名.*>表示指定数据库中的所有事物；<数据库名.存储过程>表示指定数据库中的存储过程；<*.*>表示所有数据库中的所有事物。

username：表示用户名。

hostname：表示客户端来源 IP 地址。

identified by：可选项，表示为用户设置密码。

password：表示用户的新密码，一般与 indentified by 参数搭配使用。

WITH GRANT OPTION：可选项，表示跟随的权限选项。此项有 4 种不同的取值，分别为 MAX_QUERIES_PER_HOUR count（设置每小时可以执行 count 次查询）、MAX_UPDATES_PER_HOUR count（设置每小时可以执行 count 次更新）、MAX_CONNECTIONS_PER_HOUR count（设置每小时可以建立 count 个连接）和 MAX_USER_CONNECTIONS count（设置单个用户可以同时建立 count 个连接）。

接下来通过具体实例演示如何对用户进行权限的授予。

【例 7-1】　使用 GRANT 语句创建新用户，用户名为 user123，密码为 admin123，用户对所有数据库有 INSERT 和 SELECT 的权限。

```
mysql> grant insert,select on *.*
    -> to 'user123'@''
    -> identified by 'admin123'
    -> ;
Query OK, 0 rows affected, 1 warning (0.00 sec)
```

从以上代码的执行结果可以看出，新用户 user123 创建成功。使用 SELECT 语句查看 user123 的用户权限，如下所示。

```
mysql> select host,user,insert_priv,select_priv from mysql.user where user='user
123';
+------+---------+-------------+-------------+
| host | user    | insert_priv | select_priv |
+------+---------+-------------+-------------+
|      | user123 | Y           | Y           |
+------+---------+-------------+-------------+
1 row in set (0.00 sec)
```

从上面语句的执行结果可以看出，成功为新用户赋予了全局的 SELECT 权限和 INSERT 权限。

7.3.3　查看权限

前面已经介绍了如何对用户授予权限，并通过 SELECT 语句来查看用户权限。在实际的应用场景中，用 SELECT 语句查询权限信息比较烦琐，因此，MySQL 提供了 SHOW GRANTS 语句来代替 SELECT 语句，其语法格式如下所示。

```
SHOW GRANTS FOR 'username'@'hostname';
```

SHOW GRANT 语句中只需要指定用户名和主机名即可。接下来通过具体实例演示 SHOW GRANTS 语句的用法。

【例 7-2】　使用 SHOW GRANT 语句查看用户 user123 的用户权限。

```
mysql> show grants for 'user123'@''\g
*************************** 1. row ***************************
Grants for user123@: GRANT SELECT, INSERT ON *.* TO 'user123'@''
1 row in set (0.00 sec)
```

从以上执行结果中可看出，用户 user123 具有 INSERT 和 SELECT 的权限。可以发现，使用 SHOW GRANTS 语句查询用户权限是非常方便快捷的。

7.3.4　收回权限

数据库管理员在管理用户时，可能会出于安全性考虑收回一些授予过的权限，MySQL 提供了 REVOKE 语句用于收回权限，语法格式如下所示。

```
revoke <privileges> on <数据库.表> from <'username'@'hostname'>;
```

上方语句中各参数的含义与 GRANT 语句中的参数含义相同。接下来通过具体实例演示 REVOKE 语句的使用。

【例 7-3】 使用 REVOKE 语句收回用户 user123 的 INSERT 权限。

```
mysql> revoke insert on *.* from 'user123'@'';
Query OK, 0 rows affected (0.00 sec)
```

以上执行结果证明权限收回成功，此时可以使用 SELECT 语句查询 user123 用户的权限。

```
mysql> select host,user,insert_priv,select_priv from mysql.user where user='user
123';
+------+---------+-------------+-------------+
| host | user    | insert_priv | select_priv |
+------+---------+-------------+-------------+
|      | user123 | N           | Y           |
+------+---------+-------------+-------------+
1 row in set (0.00 sec)
```

从以上执行结果可看出，user123 用户的 Insert_priv 权限值已经修改为 N，说明 INSERT 权限被收回。

7.4   本章小结

本章主要讲解了 MySQL 中用户的登录、创建、删除等知识点，另外也介绍了如何对用户授予不同的权限。数据库安全是企业管理的重中之重，读者应对本章涉及的知识点进行合理的应用。

7.5   习题

1. 填空题

（1）MySQL 默认的数据库有_____、_____、_____、_____。

（2）可以使用_____快捷键将数据库会话移至后台运行。

（3）删除用户可以通过 DROP 语句实现，也可以删除_____中的信息。

（4）退出 MySQL 可以使用_____命令。

（5）MySQL 中各权限的作用范围可以大致分为_____层。

2. 选择题

（1）MySQL 登录语句中 "-h" 参数的含义是（　　　）。

A. 指定用户名　　　　B. 指定密码　　　　C. 指定端口　　　　　　D. 指定登录主机

（2）修改用户名需要用到（　　）语句。

A. RENAME　　　　B. DROP　　　　C. UPDATE　　　　D. SELECT

（3）如果想不进入数据库就查看表信息，可以使用（　　）参数。

A. -e　　　　　　B. -h　　　　　　C. -p　　　　　　D. -P

（4）MySQL 启动时会自动加载权限信息，并将这些信息读取到（　　）。

A. 数据表　　　　　　B. 内存　　　　　　　C. 日志　　　　　　D. CPU

（5）对用户授予权限需要用到（　　）语句。

A. REVOKE　　　　B. GRANT　　　　　C. UPDATE　　　　D. DELETE

3. 简答题

（1）如何查看用户的权限信息？

（2）如果删除用户信息表，root 用户还可以登录到数据库吗？

（3）在企业中如何保证数据库的安装？

08

第8章 存储过程与触发器

本章学习目标

- 了解什么是存储过程
- 掌握存储过程的相关操作方法
- 熟悉触发器的基本概念
- 掌握触发器的使用方法和应用场景

在实际开发中，经常会遇到为了实现某一功能需要编写一组 SQL 语句的情况，为了提高 SQL 语句的重用性，MySQL 提供了存储过程来帮助用户减少没有必要的重复操作，从而提高开发效率。另外，数据库处理某些特定的事务时，也可以通过触发器来实现。本章将对 MySQL 的存储过程和触发器进行详细讲解。

8.1 存储过程

8.1.1 存储过程概述

存储过程是一组可以实现特定功能的 SQL 语句的集合。在大型数据库系统中，为了避免开发人员重复地编写相同的 SQL 语句，可以事先将常用或者复杂的工作用 SQL 语句写好并指定一个名称，然后经过编译和优化后存储在数据库服务器中。当用户需要数据库提供与已经定义好的存储过程功能相同的服务时，可以直接使用 CALL 语句在内部调用。这样一来，不仅提高了代码的精简度和运行速率，还可以减少数据在数据库和应用服务器之间的传输，从而提高数据处理的效率。

8.1.2 存储过程的优缺点

存储过程编译完成后存储在数据库中，被调用时并不需要进行再次编译。在编译存储过程之后，MySQL 将其放入缓存，并为每个连接维护相应的存储过程高速缓存。存储过程的优点如下。

（1）存储过程有助于减少应用程序和数据库服务器之间的流量，应用程序不发送多个冗长的 SQL 语句，只需要发送存储过程的名称和参数即可。

（2）存储过程允许组件式编程，可以提高 SQL 语句的重用性、共享性和可移植性。另外，也可以将数据库接口暴露给所有应用程序，使开发人员不必重复实现存储过程中已支持的功能。

（3）存储的程序是安全的。数据库管理员可以向访问数据库的存储过程应用程序授予适当的权限，而不用再为数据库或表设置复杂的权限。

存储过程是一组 SQL 语句的集合，编写时比较复杂，所以需要用户具有丰富的经验。另外，在编写存储过程时需要设置数据库对象的权限。使用存储过程时应该注意以下几点。

（1）如果使用大量存储过程，那么使用这些存储过程的每个连接的内存使用量将会大大增加。另外，如果在存储过程中使用大量逻辑操作，则 CPU 使用率也会上升。

（2）存储过程很难调试，只有少数的数据库管理系统允许调试存储过程，而 MySQL 不提供调试存储过程的功能，这可能会导致应用程序开发和维护阶段的问题。

8.1.3　创建存储过程

为了使读者清楚地了解存储过程的相关操作，在此将分别创建学生表 students 和用户表 users 并插入数据，用于后面的例题演示。这两张表的表结构和创建过程此处不再赘述，插入的数据如下所示。

```
mysql> select * from students;
+--------+----------+---------+---------+
| stu_id | stu_name | stu_sex | stu_age |
+--------+----------+---------+---------+
|      1 | aa       | 女      |      23 |
|      2 | bb       | 男      |      20 |
|      3 | cc       | 女      |      19 |
|      4 | dd       | 男      |      22 |
|      5 | ee       | 女      |      23 |
|      6 | ff       | 女      |      21 |
|      7 | gg       | 男      |      23 |
|      8 | hh       | 女      |      20 |
|      9 | ii       | 男      |      19 |
|     10 | jj       | 女      |      20 |
+--------+----------+---------+---------+
10 rows in set (0.00 sec)

mysql> select * from users;
+----+-------+------+--------------+
| id | name  | age  | email        |
+----+-------+------+--------------+
|  1 | jack  |   21 | jack@qq.com  |
|  2 | tom   |   22 | tom@qq.com   |
|  3 | lisa  |   20 | lisa@qq.com  |
|  4 | peter |   21 | peter@qq.com |
+----+-------+------+--------------+
4 rows in set (0.00 sec)
```

在 MySQL 中可以使用 CREATE PROCEDURE 语句创建存储过程，需要注意，前提是用户具有创建存储过程的权限。以 root 用户为例，查看该用户是否具有创建存储过程的权限，具体的 SQL 语句如下所示。

```
mysql> select create_routine_priv from mysql.user where user='root';
+---------------------+
| create_routine_priv |
```

```
+----------------------+
| Y                    |
+----------------------+
1 row in set (0.00 sec)
```

读者在查看不同用户的权限时应该注意修改 SELECT 语句中的用户名参数。MySQL 中创建存储过程的语法格式如下所示。

```
CREATE PROCEDURE sp_name(proc_parameter]) [characteristic] routine_body
```

创建存储过程的语法格式中，各参数的含义如下。

CREATE PROCEDURE：创建存储过程的关键字。

sp_name：存储过程的名称。

proc_parameter：存储过程的参数列表。

characteristic：用于指定存储过程的特性。

routine_body：表示存储过程的主体部分，包含了在过程调用的时候必须执行的 SQL 语句，以 BEGIN 开始，以 END 结束。如果存储过程主体中只有一条 SQL 语句，可以省略 BEGIN-END 标志。

proc_parameter 参数列表项的具体形式如下。

```
[IN|OUT|INOUT] param_name type
```

上方形式中各参数的含义如表 8.1 所示。

表 8.1　　　　　　　　　　　　　　　参数列表项参数

参数	说明
IN	表示输入参数
OUT	表示输出参数
INOUT	表示既可以输入也可以输出
param_name	表示参数名称
type	表示参数的类型

另外，创建存储过程的语法格式中的 characteristic 项也有 5 个可选值，如表 8.2 所示。

表 8.2　　　　　　　　　　　　　　　存储过程特性参数

参数	说明
COMMENT 'string'	存储过程的描述，其中 string 为描述内容，COMMENT 为关键字
LANGUAGE SQL	指明编写存储过程的语言为 SQL 语言
DETERMINISTIC	表示存储过程对同样的输入参数产生相同的结果
contains sql [no sql | reads sql data | modifies sql data]	存储过程包含读或写数据的语句，依次为不包含 SQL 语句、只包含读数据的语句、只包含写数据的语句
sql security definer | invoker	指定有权限执行存储过程的用户，其中 definer 代表定义者，invoker 代表调用者，默认为 definer

接下来将通过具体的实例演示如何创建存储过程。

【**例 8-1**】　创建一个带 IN 的存储过程，用于通过传入用户名查询表 users 中的用户信息。

```
mysql> delimiter //
mysql> create procedure sp_search(in p_name char(20))
```

```
   -> begin
   -> if p_name is null or p_name='' then
   -> select * from users;
   -> else
   -> select * from users where name like p_name;
   -> end if;
   -> end//
Query OK, 0 rows affected (0.02 sec)
```

由于 MySQL 默认的语句结束符为分号，为了避免与存储过程中的结束符产生冲突，上方语句中使用"delimiter //"语句将 MySQL 的结束符设置为//。当然，存储过程创建完成后，也可以使用"delimiter ;"语句恢复 MySQL 默认的结束符，具体如下所示。

```
mysql> delimiter ;
```

存储过程创建完成后，可以使用 CALL 关键字调用该存储过程。例如，使用 CALL 调用 sp_search 存储过程的语句如下。

```
mysql> CALL sp_search('lisa');
+----+------+------+-------------+
| id | name | age  | email       |
+----+------+------+-------------+
|  3 | lisa |   20 | lisa@qq.com |
+----+------+------+-------------+
1 row in set (0.00 sec)

Query OK, 0 rows affected (0.00 sec)
```

从上方代码的执行结果可以看出，通过往存储过程 sp_search 中传入参数 lisa，成功查询到了用户 lisa 的信息。

【例 8-2】创建一个带 OUT 的存储过程，用于通过传入学生年龄查询表 students 中大于该年龄的学生信息，并且输出查询到的学生人数。

```
mysql> delimiter //
mysql> create procedure sp_search2(in age int,out num int)
   -> begin
   -> if age is null or age='' then
   -> select * from students;
   -> else
   -> select * from students where stu_age>age;
   -> end if;
   -> select FOUND_ROWS() into num;
   -> end//
Query OK, 0 rows affected (0.00 sec)
mysql> delimiter ;
```

从上方代码的执行结果可以看出，sp_search2 存储过程创建成功，可以使用 CALL 调用该存储过程。

```
mysql> CALL sp_search2 (22,@search_num);
+--------+----------+---------+---------+
| stu_id | stu_name | stu_sex | stu_age |
+--------+----------+---------+---------+
|      1 | aa       | 女      |      23 |
```

```
|      5 | ee       | 女      |      23 |
|      7 | gg       | 男      |      23 |
+--------+----------+---------+---------+
3 rows in set (0.00 sec)
Query OK, 1 row affected (0.00 sec)
```

上方语句中，通过向 sp_search2 存储过程中传入参数 22，查询到了年龄大于 22 岁的学生信息，随后将统计结果以@search_num 变量的形式输出。通过查询@search_num 可以得到存储过程统计的用户个数。

```
mysql> select @search_num;
+-------------+
| @search_num |
+-------------+
|           3 |
+-------------+
1 row in set (0.00 sec)
```

从以上代码的执行结果可以看出，统计结果与输出内容一致。

8.1.4 查看存储过程

在 MySQL 中可以使用 3 种方式查看存储过程。

1. 使用 SHOW STATUS 语句查看存储过程

MySQL 中使用 SHOW STATUS 语句可以查询存储过程的状态。例如，查看名称以 sp_开头的存储过程的状态。

```
mysql> show procedure status like 'sp_%'\G
*************************** 1. row ***************************
                 Db: test
               Name: sp_search
               Type: PROCEDURE
            Definer: root@%
           Modified: 2020-05-07 17:35:54
            Created: 2020-05-07 17:35:54
      Security_type: DEFINER
            Comment:
character_set_client: utf8
collation_connection: utf8_general_ci
  Database Collation: latin1_swedish_ci
*************************** 2. row ***************************
                 Db: test
               Name: sp_search2
               Type: PROCEDURE
            Definer: root@%
           Modified: 2020-05-07 17:47:24
            Created: 2020-05-07 17:47:24
      Security_type: DEFINER
            Comment:
character_set_client: utf8
collation_connection: utf8_general_ci
  Database Collation: latin1_swedish_ci
2 rows in set (0.00 sec)
```

从代码的执行结果可以看出，数据库中以 sp_开头的存储过程一共有 2 个。另外，通过使用 SHOW STATUS 语句也可以查看存储过程的 Db、Name、Type 等信息。

2.　使用 SHOW CREATE 语句查看存储过程

使用 SHOW CREATE 语句可以查看存储过程的详细创建信息。例如，查询名为 sp_search2 的存储过程。

```
mysql> show create procedure sp_search2\G
*************************** 1. row ***************************
           Procedure: sp_search2
            sql_mode: ONLY_FULL_GROUP_BY,STRICT_TRANS_TABLES,NO_ZERO_IN_DATE,NO_
ZERO_DATE,ERROR_FOR_DIVISION_BY_ZERO,NO_AUTO_CREATE_USER,NO_ENGINE_SUBSTITUTION
    Create Procedure: CREATE DEFINER=`root`@`%` PROCEDURE `sp_search2`(in age in
t,out num int)
begin
if age is null or age='' then
select * from students;
else
select * from students where stu_age>age;
end if;
select FOUND_ROWS() into num;
end
character_set_client: utf8
collation_connection: utf8_general_ci
  Database Collation: latin1_swedish_ci
1 row in set (0.00 sec)
```

从上方代码的执行结果可以看出，通过 SHOW CREATE 语句查看到了存储过程的 Create Procedure 等信息。

3.　通过 information_schema.Routines 表查看存储过程

存储过程信息的存储与用户信息的存储方式一样，都是存放在相关的表中。用户可以查询 information_schema 库下的 Routines 表来获取相应的存储过程信息。例如，通过查询表检索出 sp_search 存储过程的信息。

```
mysql> select * from information_schema.routines where routine_name='sp_search'
and routine_type='procedure'\G
*************************** 1. row ***************************
           SPECIFIC_NAME: sp_search
          ROUTINE_CATALOG: def
           ROUTINE_SCHEMA: test
             ROUTINE_NAME: sp_search
             ROUTINE_TYPE: PROCEDURE
                DATA_TYPE:
CHARACTER_MAXIMUM_LENGTH: NULL
  CHARACTER_OCTET_LENGTH: NULL
       NUMERIC_PRECISION: NULL
           NUMERIC_SCALE: NULL
      DATETIME_PRECISION: NULL
      CHARACTER_SET_NAME: NULL
          COLLATION_NAME: NULL
          DTD_IDENTIFIER: NULL
            ROUTINE_BODY: SQL
      ROUTINE_DEFINITION: begin
```

```
if p_name is null or p_name='' then
select * from users;
else
select * from users where name like p_name;
end if;
end
            EXTERNAL_NAME: NULL
        EXTERNAL_LANGUAGE: NULL
          PARAMETER_STYLE: SQL
          IS_DETERMINISTIC: NO
          SQL_DATA_ACCESS: CONTAINS SQL
                  SQL_PATH: NULL
            SECURITY_TYPE: DEFINER
                  CREATED: 2020-05-07 17:35:54
              LAST_ALTERED: 2020-05-07 17:35:54
                  SQL_MODE: ONLY_FULL_GROUP_BY,STRICT_TRANS_TABLES,NO_ZERO_IN_DATE,
NO_ZERO_DATE,ERROR_FOR_DIVISION_BY_ZERO,NO_AUTO_CREATE_USER,NO_ENGINE_SUBSTITUTI
ON
          ROUTINE_COMMENT:
                  DEFINER: root@%
      CHARACTER_SET_CLIENT: utf8
      COLLATION_CONNECTION: utf8_general_ci
        DATABASE_COLLATION: latin1_swedish_ci
1 row in set (0.00 sec)
```

从上面的输出结果可以看出，information_schema.Routines 表不仅包含了存储过程 sp_searche 的基本信息，而且包含了存储过程详细的创建语句。

8.1.5　删除存储过程

MySQL 中使用 DROP 语句即可删除存储过程。例如，将存储过程 sp_search 删除的 SQL 语句如下所示。

```
mysql> drop procedure sp_search;
Query OK, 0 rows affected (0.02 sec)
```

从执行结果可以看出，存储过程删除成功。

8.2　触发器

8.2.1　触发器概述

触发器（trigger）是 MySQL 中与表事件有关的一种特殊存储过程，在满足定义条件或用户对表进行 INSERT、DELETE、UPDATE 操作时，会激活触发器并执行触发器中定义的语句集合。触发器类似于约束，但是比约束具有更强大的数据控制能力，它的存在可以保证数据的完整性，其优点如下所示。

（1）自动执行：当满足触发器条件时，系统会自动执行定义好的相关操作。

（2）级联更新：可以通过数据库中的相关表进行层叠更改。

（3）强化约束：能够引用其他表中的列，从而实现比 CHECK 约束更为复杂的约束。

（4）跟踪变化：可以阻止数据库中未经允许的更新和变化。

触发器基于行触发，用户的删除、新增或者修改操作都可能会激活触发器。触发器的应用场景主要有以下 3 项。

（1）提高安全性：基于时间或权限限制用户的操作，例如，不允许下班后和节假日修改数据库数据，不允许某个用户做修改操作，等等。

（2）操作审计：跟踪用户对数据库的操作，审计用户操作数据库的语句，把用户对数据库的更新写入审计表。

（3）实现复杂的数据修改和数据完整性规则：通过触发器产生比规则更加复杂的限制，从而实现表的连环更新和非标准化的完整性检查和约束。

接下来，将为读者详细讲解触发器的创建、查看、使用和删除等操作。

8.2.2　创建触发器

MySQL 中创建触发器的语法格式如下所示。

```
CREATE trigger trigger_name trigger_time trigger_event on tb_name for each row
trigger_stmt
```

上方语法格式中各参数的含义如表 8.3 所示。

表 8.3　　　　　　　　　　　　　　触发器参数

参数	说明
trigger_name	触发器名称，需用户自行指定
trigger_time	触发时机，取值为 BEFORE 或 AFTER
trigger_event	触发事件，取值为 INSERT、UPDATE 或 DELETE
tb_name	建立触发器的表名，即在哪张表上建立触发器
trigger_stmt	触发器程序体，可以是一条 SQL 语句，也可以是 BEGIN 和 END 之间的多条语句

用户可以创建 6 种不同类型的触发器，分别为 BEFORE INSERT、BEFORE UPDATE、BEFORE DELETE、AFTER INSERT、AFTER UPDATE 和 AFTER DELETE。不同类型触发器的触发条件不同，另外在 MySQL 中还定义了 LOAD DATA 语句和 REPLACE 语句，用于激活触发器。

LOAD DATA 语句用于将文件中的数据加载到数据表中，相当于一系列的 INSERT 操作；REPLACE 语句用于表中存在 PRIMARY KEY 或 UNIQUE 索引时，若插入的数据和原来的 PRIMARY KEY 或 UNIQUE 索引一致，会删除原来的数据进行更换。各种触发器的激活和触发时机如下。

（1）INSERT 型触发器：当向表中插入数据时激活触发器，可以通过 INSERT、LOAD DATA 或 REPLACE 语句触发。

（2）UPDATE 型触发器：当更改某一行数据时激活触发器，可以通过 UPDATE 语句触发。

（3）DELETE 型触发器：当删除某一行数据时激活触发器，可以通过 DELETE 和 REPLACE 语句触发。

下面将通过 test1 表和 test2 表为读者演示不同类型触发器的使用方法，表结构如下。

```
mysql> desc test1;
+-------+-------------+------+-----+---------+-------+
| Field | Type        | Null | Key | Default | Extra |
+-------+-------------+------+-----+---------+-------+
| id    | int(11)     | YES  |     | NULL    |       |
| name  | varchar(50) | YES  |     | NULL    |       |
+-------+-------------+------+-----+---------+-------+
2 rows in set (0.00 sec)
mysql> desc test2;
+-------+-------------+------+-----+---------+-------+
| Field | Type        | Null | Key | Default | Extra |
+-------+-------------+------+-----+---------+-------+
| id    | int(11)     | YES  |     | NULL    |       |
| name  | varchar(50) | YES  |     | NULL    |       |
+-------+-------------+------+-----+---------+-------+
2 rows in set (0.00 sec)
```

为 test1 表创建名为 trigger_test1 的触发器，实现向 test1 表添加记录后自动将新记录备份到 test2 表中，操作代码如下。

```
mysql> delimiter //
mysql> CREATE TRIGGER trigger_test1
    -> AFTER INSERT ON test1
    -> FOR EACH ROW
    -> BEGIN
    -> INSERT INTO test2(id,name) values(NEW.id,NEW.name);
    -> END//
Query OK, 0 rows affected (0.01 sec)
mysql> delimiter ;
```

从代码的执行结果可以看出触发器创建成功。尝试向 test1 表中插入一条数据。

```
mysql> insert into test1(id,name) values(1,'qianfeng');
Query OK, 1 row affected (0.00 sec)
mysql> select * from test1;
+------+----------+
| id   | name     |
+------+----------+
|    1 | qianfeng |
+------+----------+
1 row in set (0.00 sec)
```

从以上执行结果可以看出数据插入完成，此时查看 test2 表中是否存在相应的数据。

```
mysql> select * from test2;
+------+----------+
| id   | name     |
+------+----------+
|    1 | qianfeng |
+------+----------+
1 row in set (0.00 sec)
```

从以上执行结果可看出，系统已将 test1 表中新插入的数据自动备份到 test2 表中。这是因为在进行 INSERT 操作时，激活了触发器 trigger_test1，触发器自动向 test2 表中插入了同样的数据。

需要注意，trigger_test1 中使用到的 NEW 关键字表示新插入的数据，MySQL 中与之相对的关键字为 OLD，两者在不同类型触发器中代表的含义如下。

（1）在 INSERT 型触发器中，NEW 用来表示将要（BEFORE）或已经（AFTER）插入的新数据。

（2）在 UPDATE 型触发器中，NEW 用来表示将要或已经修改为的新数据，OLD 用来表示将要或已经被修改的原数据。

（3）在 DELETE 型触发器中，OLD 用来表示将要或已经被删除的原数据。

NEW 关键字和 OLD 关键字的使用语法格式如下。

```
NEW[OLD].columnName
```

上方语法格式中，columnName 表示相应数据表的某个列名。另外，NEW 可以在触发器中使用 SET 进行赋值，以免造成触发器的循环调用，而 OLD 仅为可读。

下面演示 OLD 在 DELETE 型触发器中的使用方法。

创建触发器 tri_del_test1，实现删除 test1 表中的一条记录后，将 test2 表中的对应记录删除。

```
mysql> delimiter //
mysql> CREATE TRIGGER tri_del_test1
    -> AFTER DELETE ON test1
    -> FOR EACH ROW
    -> BEGIN
    -> DELETE FROM test2 WHERE id=OLD.id;
    -> END//
Query OK, 0 rows affected (0.01 sec)
mysql> delimiter ;
```

尝试将 test1 表中 id 等于 1 的数据删除。

```
mysql> delete from test1 where id=1;
Query OK, 1 row affected (0.16 sec)
mysql> SELECT * FROM test1;
Empty set (0.00 sec)
```

从执行结果可以看出数据删除完成，此时查看 test2 表中的数据是否存在。

```
mysql> SELECT * FROM test2;
Empty set (0.00 sec)
```

可以看出 test2 表中对应的数据同样被删除了，这表明触发器被成功触发。

8.2.3 查看触发器

MySQL 中使用 SHOW TRIGGERS 语句查看触发器，SQL 语句如下所示。

```
mysql> SHOW TRIGGERS\G
*************************** 1. row ***************************
            Trigger: trigger_test1
              Event: INSERT
              Table: test1
          Statement: BEGIN
INSERT INTO test2(id,name) values(NEW.id,NEW.name);
END
             Timing: AFTER
            Created: 2020-05-09 13:00:09.84
           sql_mode: ONLY_FULL_GROUP_BY,STRICT_TRANS_TABLES,NO_ZERO_IN_DATE,NO_
ZERO_DATE,ERROR_FOR_DIVISION_BY_ZERO,NO_AUTO_CREATE_USER,NO_ENGINE_SUBSTITUTION
```

```
              Definer: root@%
 character_set_client: utf8
collation_connection: utf8_general_ci
   Database Collation: latin1_swedish_ci
*************************** 2. row ***************************
              Trigger: tri_del_test1
                Event: DELETE
                Table: test1
            Statement: BEGIN
DELETE FROM test2 WHERE id=OLD.id;
END
               Timing: AFTER
              Created: 2020-05-09 13:53:01.40
             sql_mode: ONLY_FULL_GROUP_BY,STRICT_TRANS_TABLES,NO_ZERO_IN_DATE,NO_
ZERO_DATE,ERROR_FOR_DIVISION_BY_ZERO,NO_AUTO_CREATE_USER,NO_ENGINE_SUBSTITUTION
              Definer: root@%
 character_set_client: utf8
collation_connection: utf8_general_ci
   Database Collation: latin1_swedish_ci
2 rows in set (0.00 sec)
```

使用 SHOW TRIGGERS 语句可以查看到两个触发器的 Event、Table、Statement 等信息。另外，用户也可以通过查看 information_schema.triggers 表来获取触发器信息，SQL 语句如下所示。

```
mysql> desc information_schema.triggers;
+----------------------------+---------------+------+-----+---------+-------+
| Field                      | Type          | Null | Key | Default | Extra |
+----------------------------+---------------+------+-----+---------+-------+
| TRIGGER_CATALOG            | varchar(512)  | NO   |     |         |       |
| TRIGGER_SCHEMA             | varchar(64)   | NO   |     |         |       |
| TRIGGER_NAME               | varchar(64)   | NO   |     |         |       |
| EVENT_MANIPULATION         | varchar(6)    | NO   |     |         |       |
| EVENT_OBJECT_CATALOG       | varchar(512)  | NO   |     |         |       |
| EVENT_OBJECT_SCHEMA        | varchar(64)   | NO   |     |         |       |
| EVENT_OBJECT_TABLE         | varchar(64)   | NO   |     |         |       |
| ACTION_ORDER               | bigint(4)     | NO   |     | 0       |       |
| ACTION_CONDITION           | longtext      | YES  |     | NULL    |       |
| ACTION_STATEMENT           | longtext      | NO   |     | NULL    |       |
| ACTION_ORIENTATION         | varchar(9)    | NO   |     |         |       |
| ACTION_TIMING              | varchar(6)    | NO   |     |         |       |
| ACTION_REFERENCE_OLD_TABLE | varchar(64)   | YES  |     | NULL    |       |
| ACTION_REFERENCE_NEW_TABLE | varchar(64)   | YES  |     | NULL    |       |
| ACTION_REFERENCE_OLD_ROW   | varchar(3)    | NO   |     |         |       |
| ACTION_REFERENCE_NEW_ROW   | varchar(3)    | NO   |     |         |       |
| CREATED                    | datetime(2)   | YES  |     | NULL    |       |
| SQL_MODE                   | varchar(8192) | NO   |     |         |       |
| DEFINER                    | varchar(93)   | NO   |     |         |       |
| CHARACTER_SET_CLIENT       | varchar(32)   | NO   |     |         |       |
| COLLATION_CONNECTION       | varchar(32)   | NO   |     |         |       |
| DATABASE_COLLATION         | varchar(32)   | NO   |     |         |       |
+----------------------------+---------------+------+-----+---------+-------+
22 rows in set (0.00 sec)
```

information_schema.triggers 表包含了触发器的 Field、Type 等信息。

8.2.4　删除触发器

MySQL 中删除触发器的语法格式如下。

```
DROP TRIGGER [IF EXISTS] [schema_name.]trigger_name
```

上方语法格式中，trigger_name 表示需要删除的触发器名称，IF EXISTS 是可选的，表示如果触发器不存在，不发生错误，而是产生一个警告。例如，将 trigger_test1 触发器删除的 SQL 语句如下。

```
mysql> drop trigger trigger_test1;
Query OK, 0 rows affected (0.00 sec)
```

可以看出触发器删除成功。用户可以使用 SHOW TRIGGERS 语句进行验证，此处不再赘述。

8.3　本章小结

本章介绍了存储过程和触发器的创建、查看和删除等操作。读者应该理解两者的基本概念，并通过实践去进行运用。

8.4　习题

1. 填空题

（1）存储过程是一组可以实现_____的 SQL 语句集合。

（2）存储过程的优点主要有_____、_____、_____。

（3）触发器的执行不是手动开启的，而是由_____触发。

（4）触发器是一种特殊的_____。

（5）触发器可以跟踪用户对数据的操作，审计用户操作数据库的语句，并将用户对数据库的操作写进_____。

2. 选择题

（1）查询存储过程可以使用（　　）语句。

A. SHOW TABLE　　　　　　　　　　B. DESC PROCEDURE

C. SHOW STATUS　　　　　　　　　　D. 以上都不是

（2）MySQL 中存储过程的信息存储在 information_schema 库中的（　　）中。

A. ROUTINES 表　　　　　　　　　　B. SCHEMATA 表

C. SYSTEM 表　　　　　　　　　　　D. FILES 表

（3）MySQL 中触发器的信息存储在 information_schema 库中的（　　）中。

A. ROUTINES 表　　B. SYSTEM 表　　C. SCHEMATA 表　　D. TRIGGERS 表

（4）一张表中最多可以创建（　　）触发器。

A. 5个　　　　　　　　B. 6个　　　　　　　　C. 3个　　　　　　　　D. 8个

（5）MySQL 中可以使用（　　）语句调用存储过程。

A. CALL   B. INSERT   C. SYSTEM   D. TRANSFER

3. 简答题

（1）存储过程和触发器有哪些不同？

（2）如何查看存储过程？

（3）如何使用存储过程?

第 9 章　数据库事务和锁机制

本章学习目标

- 理解事务的基本概念
- 熟悉事务的四个特性
- 掌握事务的相关操作方法和隔离级别
- 掌握锁机制的原理和使用方法

　　MySQL 作为多用户的数据库管理系统，可以允许多个用户同时登录数据库进行操作。当不同的用户访问同一份数据时，在一个用户更改数据的过程中可能会有其他用户同时发起更改请求，这样不仅会造成数据的不准确，而且会导致服务器死机。为了解决这一问题，使数据可以从一个一致的状态变为另一个一致的状态，MySQL 在设计的过程中加入了事务这一概念，以此来保证数据的准确性和一致性。本章将详细讲解数据库中事务的概念和基本操作。

9.1　事务管理

　　事务处理机制在程序开发和后期的系统运行维护中起着非常重要的作用，既保证了数据的准确，也使得整个数据系统更加安全。本节将针对事务的概念和相关的管理操作进行详细讲解。

9.1.1　事务的概念

　　在现实生活中，人们通过银行互相转账和汇款，从数据的角度来看，这实际上就是数据库中两个不同账户之间的数据操作。例如，用户 A 向用户 B 转账了 1000 元，则 A 账户的余额减去 1000 元，B 账户的余额加上 1000 元，整个过程需要使用两条 SQL 语句来完成操作，若其中一条语句出现异常没有被执行，则会导致两个账户的金额不同步，从而使数据出现错误。为了避免上述情况的发生，MySQL 中可以通过开启事务来进行数据操作。

　　事务实际上指的是数据库中的一个操作序列，由一组 DML 语句（INSERT、DELETE、UPDATE）组成。这些语句不可分割，只有在所有的 SQL 语句都执行成功后，整个事务引发的操作才会更新到数据库中，如果有至少一条语句执行失败，所有操作都会被取消。以用户转账为例，将需要执行的语句定义为事务，具体的转账流程如图 9.1 所示。

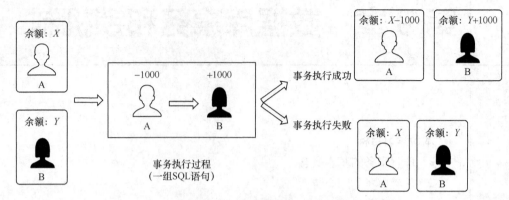

图 9.1　用户转账事务操作流程

用户转账过程中，只有事务执行成功后数据才会变更，如果事务执行失败，数据库中的值将不会变更。

9.1.2　事务的创建和回滚

在默认设置下，MySQL 中的事务为自动提交模式，每一条语句都处于一个单独的事务中，在这条语句执行完毕后，如果执行成功则隐式提交事务，如果执行失败则隐式回滚事务。正常的事务管理是一组相关的操作处于一个事务之中，因此在执行正常的事务时，可以使用相关指令关闭数据库的自动提交模式，随后用户将一直处于某个事务中，直到用户执行一条 COMMIT（提交）或者 ROLLBACK（回滚）命令后才会结束当前事务。如果用户不想关闭事务的自动提交模式，可以使用 BEGIN 或者 START TRANSACTION 命令开启事务，事务开启后便可以执行相关的事务语句，事务提交后自动回到自动提交模式。另外，事务的回滚操作只能撤销所有未提交的修改，对已经提交的事务不能使用 ROLLBACK 命令进行回滚。

接下来将通过具体案例演示转账汇款的事务操作。创建一个账户表 account，表结构如表 9.1 所示。

表 9.1　account 表结构

字段	字段类型	说明
id	INT	账户编号
name	VARCHAR(30)	账户姓名
money	FLOAT	账户余额

根据表中提供的参数创建 account 表，并向其中插入测试数据，具体的 SQL 语句如下所示。

```
mysql> create table account(
    ->     id int primary key,
    ->     name varchar(30),
    ->     money float
    -> );
Query OK, 0 rows affected (0.16 sec)
```

```
mysql> insert into account
    -> values
    -> (1,'A',1000),
    -> (2,'B',1000),
    -> (3,'C',1000);
Query OK, 3 rows affected (0.06 sec)
Records: 3  Duplicates: 0  Warnings: 0
```

从上方代码的执行结果可以看出，测试数据插入成功。接下来使用 SELECT 命令查看账户表 account。

```
mysql> select * from account;
+----+------+-------+
| id | name | money |
+----+------+-------+
|  1 | A    |  1000 |
|  2 | B    |  1000 |
|  3 | C    |  1000 |
+----+------+-------+
3 rows in set (0.02 sec)
```

账户表 account 中存在 A、B 和 C 三个账户，每个账户的存款金额都为 1000。接下来，使用 SHOW VARIABLES 语句查看 MySQL 是否为事务自动提交模式，具体的 SQL 语句如下所示。

```
mysql> show variables like 'autocommit';
+---------------+-------+
| Variable_name | Value |
+---------------+-------+
| autocommit    | ON    |
+---------------+-------+
1 row in set (0.01 sec)
```

从上方代码的执行结果可看出，MySQL 自动提交模式处于开启状态。因为此处事务需要手动提交，所以要关闭自动提交模式。

```
mysql> set autocommit=0;
Query OK, 0 rows affected (0.00 sec)
```

set autocommit=0 中的 0 代表 OFF 状态（反之 1 代表 ON 状态）。再次通过 SHOW VARIABLES 语句查看自动提交模式是否关闭。

```
mysql> show variables like 'autocommit';
+---------------+-------+
| Variable_name | Value |
+---------------+-------+
| autocommit    | OFF   |
+---------------+-------+
1 row in set (0.00 sec)
```

从执行结果可看出，MySQL 的自动提交模式已关闭。下面将通过具体的实例演示事务的操作过程。

【例 9-1】 通过事务，实现账户 A 转账给账户 B 100 元钱的操作。

```
mysql> begin;
Query OK, 0 rows affected (0.00 sec)
```

```
mysql> update account set money=money-100 where name='A';
Query OK, 1 row affected (0.01 sec)
Rows matched: 1  Changed: 1  Warnings: 0

mysql> update account set money=money+100 where name='B';
Query OK, 1 row affected (0.00 sec)
Rows matched: 1  Changed: 1  Warnings: 0

mysql> commit;
Query OK, 0 rows affected (0.01 sec)
```

以上执行结果证明汇款成功并执行了更新操作，A 账户的余额减少了 100 元，B 账户的余额增加了 100 元，此时可查看表中数据进行验证。

```
mysql> select * from account;
+----+------+-------+
| id | name | money |
+----+------+-------+
|  1 | A    |   900 |
|  2 | B    |  1100 |
|  3 | C    |  1000 |
+----+------+-------+
3 rows in set (0.00 sec)
```

从以上执行结果可看出，通过事务操作实现了转账。需要注意，如果在执行转账操作过程中数据库出现故障，为了保证事务的同步性，则事务不会提交。接下来通过具体实例演示这种情况。

【例 9-2】 通过事务操作，实现账户 A 转账给账户 C 100 元钱，在账户 A 的数据操作完成后，关闭数据库客户端，以此来模拟数据库死机，并查看数据是否被修改。

```
mysql> begin;
Query OK, 0 rows affected (0.00 sec)

mysql> update account set money=money-100 where name='A';
Query OK, 1 row affected (0.00 sec)
Rows matched: 1  Changed: 1  Warnings: 0
```

从以上执行结果可看出，账户 A 的余额减少了 100 元。使用 SELECT 命令查看表中数据，验证数据是否被修改。

```
mysql> select * from account;
+----+------+-------+
| id | name | money |
+----+------+-------+
|  1 | A    |   800 |
|  2 | B    |  1100 |
|  3 | C    |  1000 |
+----+------+-------+
3 rows in set (0.00 sec)
```

从以上执行结果可看出，账户 A 的余额从 900 元变为了 800 元，账户 A 的转账操作完成。此时关闭 MySQL 的客户端，并重新进入，再次查看 account 表中的数据。

```
mysql> exit
Bye
```

```
//此处省略部分登录服务器的内容//
mysql> select * from account;
+----+------+-------+
| id | name | money |
+----+------+-------+
|  1 | A    |   900 |
|  2 | B    |  1100 |
|  3 | C    |  1000 |
+----+------+-------+
3 rows in set (0.00 sec)
```

从执行结果可以看出，重新登录数据库后，account 表中账户 A 的余额又恢复为 900 元，这是因
为在进行事务操作时，未在最后提交事务，转账操作并没有全部完成，为了保证事务的同步性，系
统对数据操作进行了回退，因此，用户可以利用这种隐式的方式实现未提交事务的数据的回滚。上
文中也提到，在实际的事务操作中，如果发现某些操作是不合理的，就可以通过 ROLLBACK 命令回
滚未提交的事务，这种方式并不需要退出数据库。接下来通过具体实例演示使用 ROLLBACK 进行事
务的回滚。

【例 9-3】通过事务操作，实现账户 B 转账给账户 C 100 元，在转账操作完成后，使用 ROLLBACK
语句进行转账回滚操作。

```
mysql> begin;
Query OK, 0 rows affected (0.00 sec)

mysql> update account set money=money-100 where name='B';
Query OK, 1 row affected (0.00 sec)
Rows matched: 1  Changed: 1  Warnings: 0

mysql> update account set money=money+100 where name='C';
Query OK, 1 row affected (0.00 sec)
Rows matched: 1  Changed: 1  Warnings: 0
```

从上方代码的执行结果可以看出，账户 B 和账户 C 之间进行了转账操作。下面查看账户表验证
数据是否被修改。

```
mysql> select * from account;
+----+------+-------+
| id | name | money |
+----+------+-------+
|  1 | A    |   900 |
|  2 | B    |  1000 |
|  3 | C    |  1100 |
+----+------+-------+
3 rows in set (0.00 sec)
```

可以看出，账户 C 的余额增加了 100 元。因为还未提交事务，此时使用 ROLLBACK 命令将事
务操作进行回滚。

```
mysql> rollback;
Query OK, 0 rows affected (0.00 sec)
```

回滚成功后，查看账户表中的数据是否发生改变，SQL 语句如下所示。

```
mysql> select * from account;
```

```
+------+--------+--------+
| id   | name   | money  |
+------+--------+--------+
|  1   | A      |   900  |
|  2   | B      |  1100  |
|  3   | C      |  1000  |
+------+--------+--------+
3 rows in set (0.00 sec)
```

从以上执行结果可看出，账户 B 和账户 C 的金额又回滚到了转账操作之前的数值。

9.1.3　并发与并行

在现实生活中经常会听到"高并发""高可用"这种词语，在 MySQL 系统中，系统是如何实现并发控制的呢？并发和并行又有什么样的区别呢？下面带领读者详细学习并发控制与并行控制的相关知识。

1. 并发控制

并发（Concurrency）控制是指通过把时间分成若干段，让多个线程快速交替轮换执行，使得在宏观上具有多个线程同时执行效果的控制方法，如图 9.2 所示。

具体来说，当有多个线程时，如果系统只有一个 CPU，则根本不可能真正同时执行一个以上的线程，只能把 CPU 运行时间划分成若干个时间段，再将时间段分配给各个线程，在一个时间段的线程代码运行时，其他线程处于挂起状态，这种方式被称为并发。并发控制的目标是充分利用处理器的每一个核，以达到最高的处理性能。

2. 并行

并行（Parallel）指在同一时刻有多条指令在多个 CPU 上同时执行，无论从微观还是从宏观来看，多个线程都是同时执行的，如图 9.3 所示。

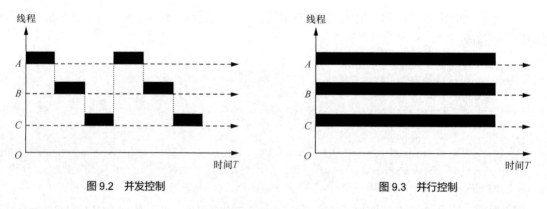

图 9.2　并发控制　　　　　　　　　　　　　　　图 9.3　并行控制

当系统有一个以上 CPU 时，线程的操作有可能非并发。当一个 CPU 执行一个线程时，另一个 CPU 可以执行另一个线程，两个线程互不抢占 CPU 资源，可以同时进行，这种方式我们称之为并行。

并行在多处理器系统中存在，而并发可以在单处理器和多处理器系统中存在，并发能够在单处理器系统中存在是因为并发是并行的假象。并行要求程序能够同时执行多个操作，而并发只要求程序"假装"同时执行多个操作。

9.1.4　事务的 ACID 特性

前面以用户转账为例介绍了事务的基本用法，读者已了解事务的基本属性。事务是一个整体，相互不影响，只有执行成功后才会对数据进行永久性的修改。在 MySQL 中，事务具有 4 个特性，如表 9.2 所示。

表 9.2　事务的 ACID 特性

特性	说明
原子性（Atomicity）	事务作为一个整体被执行，要么全部执行，要么都不执行
一致性（Consistency）	事务操作前和事务处理后都受业务规则约束，确保数据和状态一致
隔离性（Isolation）	多个事务并发执行时，一个事务的执行不应该影响其他事务的执行
持久性（Durability）	事务一旦提交，对数据库的修改应该永久保存在数据库中

以用户转账为例，假设账户 A 和账户 B 的余额都为 1000 元，如果账户 A 转账给账户 B 100 元，在 MySQL 中需要进行以下 6 个步骤。

第一步：从账户 A 中读取余额，为 1000。

第二步：账户 A 的余额减去 100。

第三步：账户 A 的余额写入，为 900。

第四步：从账户 B 中读取余额，为 1000。

第五步：账户 B 的余额加上 100。

第六步：账户 B 的余额写入，为 1100。

上述步骤中，事务的 ACID 特性表现如下。

（1）原子性：保证所有步骤要么都执行，要么都不执行。一旦在执行某一步骤的过程中出现问题，就需要执行回滚操作。例如，执行到第五步时，账户 B 突然不可用（比如被注销），那么前面的所有操作都应该回滚到执行事务之前的状态。

（2）一致性：在转账之前，账户 A 和账户 B 中共有 1000+1000=2000 元。在转账之后，账户 A 和账户 B 中共有 900+1100=2000 元。也就是说，在执行该事务操作之后，数据从一个状态改变为另外一个状态。同时，一致性还能保证账户余额不会变成负数等。

（3）隔离性：在账户 A 向账户 B 转账的整个过程中，只要事务还没有提交，查询账户 A 和账户 B 时，两个账户中钱的数量都不会有变化。如果在账户 A 给账户 B 转账的同时，有另外一个事务执行了账户 C 给账户 B 转账的操作，那么当两个事务都结束时，账户 B 里面的钱应该是账户 A 转给账户 B 的钱加上账户 C 转给账户 B 的钱，再加上账户 B 原有的钱。

（4）持久性：一旦转账成功（事务提交），两个账户中的钱就会真正发生变化（会将数据写入数据库做持久化保存）。

事务的 ACID 特性对数据进行了严格的定义，在实际的开发操作中，也应该遵循这 4 个特性，以此来保证数据的安全。

9.1.5　事务的隔离级别

MySQL 作为多线程并发访问的数据库，其明显的特点是资源可以被多个用户共享访问。当多个用户（多个事务）同时访问相同的数据库资源时，如果各事务之间没有采取必要的隔离措施，可能会出现以下几种不确定的情况。

（1）脏读

一个事务读取了某行数据，而另外一个事务已经更新了此行的数据，但没有及时提交，例如，事务 A 读取了事务 B 更新的数据，随后事务 B 因为某些原因进行了回滚操作，那么事务 A 读取到的数据就是脏数据。这种情况是非常危险的，很可能造成所有的操作都被回滚。

（2）不可重复读

不可重复读是指一个事务的修改和提交造成另一个事务在同一范围内的两次相同查询的返回结果不同。例如，事务 A 需要多次读取同一个数据，在事务 A 还没有结束时，事务 B 访问并修改了该数据，那么，事务 A 两次读取到的数据就可能不一致，因此称为不可重复读，即原始数据不能重复读。

（3）幻读

幻读是指一个线程中的事务读取到了另外一个线程中提交的 INSERT 数据。例如，用户 A 将数据库中所有学生的成绩从具体分数改为 ABCDE 等级，但是用户 B 此时插入了一条具体分数的记录，用户 A 修改完成后发现还有一条记录没有改过来，就好像发生了幻觉一样，因此称这种情况为幻读或者虚读。

为了避免上述 3 种情况的发生，MySQL 中为事务定义了不同的隔离级别，以此来保证数据的稳定性。事务的隔离级别由低到高可分为 Read Uncommitted、Read Committed、Repeatable Read、Serializable，如表 9.3 所示。

表 9.3　　　　　　　　　　　　　　事务的隔离级别

隔离级别	说明
Read Uncommitted（读未提交）	允许事务读取其他事务未提交的结果（即允许脏读），是事务隔离级别中等级最低的，也是最危险的，该级别很少使用
Read Committed（读已提交）	允许事务只能读取其他事务已经提交的结果，该隔离级别可以避免脏读，但不能避免不可重复读和幻读的情况
Repeatable Read（可重复读）	该级别确保了同一事务的多个实例在并发读取数据时，可以读到同样的数据行。这种级别可以避免脏读和不可重复读的问题，但不能避免幻读的问题，是 MySQL 默认的隔离级别
Serializable（可串行化）	强制性地对事务进行排序，使之不可能相互冲突，从而解决幻读的问题。实际上，这种方式是在每个读的数据行上加了共享锁，但这种级别可能会导致大量的超时现象和锁竞争，所以也很少使用，是事务中最高的隔离级别

事务的隔离级别越高，越能保证数据的完整性和一致性，但是对并发性能的影响也会相应增大。另外，不同的隔离级别可能会造成不同的并发异常，如表 9.4 所示。

表 9.4　　　　　　　　　　　　　　隔离级别及问题

隔离级别	脏读	不可重复读	幻读
读未提交	可能	可能	可能
读已提交		可能	可能
可重复读			可能
可串行化			

在 MySQL 中，可以使用相关语句查看当前会话的隔离级别，具体如下所示。

```
SELECT @@tx_isolation;
```

同样，用户也可以使用 SET 语句设置当前会话的隔离级别，具体的语法格式如下所示。

```
SET SESSION TRANSACTION ISOLATION LEVEL {READ UNCOMMITTED | READ COMMITTED |
REPEATABLE READ | SERIALIZABLE}
```

以上语法格式中，SESSION 代表设置的是当前会话的隔离级别，LEVEL 后跟随着 4 个可选参数，分别对应 4 个隔离级别。接下来将通过具体案例分别演示 4 个隔离级别可能引起的并发问题。

1. 脏读问题

当事务的隔离级别为 Read Uncommitted（读未提交）时，可能出现数据的脏读问题，即一个事务读取了另一个事务未提交的数据。在演示过程中将打开两个客户端会话窗口，以此来模仿不同的事务操作同一数据的场景，叙述中将这两个客户端分别简称为客户端 A 和客户端 B。另外，上文中已经提到，MySQL 默认的隔离级别为 Repeatable Read（可重复读），这里对 A、B 客户端默认的隔离级别也未作修改。接下来将通过不断改变客户端 A 的隔离级别，同时在客户端 B 修改数据，来演示各个隔离级别出现的问题。

首先，将客户端 A 的隔离级别设置为 Read Uncommitted（读未提交），SQL 语句如下所示。

```
mysql> set session transaction isolation level read uncommitted;
Query OK, 0 rows affected (0.02 sec)
```

以上执行结果证明客户端 A 的隔离级别设置为了 Read Uncommitted（读未提交）。在客户端 A 中查询 account 表的数据，SQL 语句如下所示。

```
mysql> select * from account;
+----+------+-------+
| id | name | money |
+----+------+-------+
|  1 | A    |   900 |
|  2 | B    |  1100 |
|  3 | C    |  1000 |
+----+------+-------+
3 rows in set (0.13 sec)
```

然后在客户端 B 中进行事务操作。在开启事务后，执行账户 A 转账给账户 C 100 元的数据操作，但不进行事务的提交，SQL 语句如下所示。

```
mysql> start transaction;
Query OK, 0 rows affected (0.00 sec)

mysql> update account set money=money-100 where name='A';
Query OK, 1 row affected (0.06 sec)
Rows matched: 1  Changed: 1  Warnings: 0

mysql> update account set money=money+100 where name='C';
Query OK, 1 row affected (0.02 sec)
Rows matched: 1  Changed: 1  Warnings: 0
```

以上执行结果证明账户 A 成功转账给账户 C 100 元。此时通过客户端 A 查看 account 表中的数据，SQL 语句如下所示。

```
mysql> select * from account;
+----+------+-------+
| id | name | money |
+----+------+-------+
|  1 | A    |   800 |
|  2 | B    |  1100 |
|  3 | C    |  1100 |
+----+------+-------+
3 rows in set (0.00 sec)
```

从以上执行结果可看出，在客户端 A 中查询 account 表中的数据，发现账户 A 已经给账户 C 转账了 100 元，但此时客户端 B 中的事务还没有提交，客户端 A 读取到了客户端 B 还未提交事务修改的数据，即脏数据。这种情况很容易造成数据的混乱，使数据的一致性遭到破坏。此时，在客户端 B 对事务进行回滚操作，具体的 SQL 语句如下所示。

```
mysql> rollback;
Query OK, 0 rows affected (0.03 sec)
```

从以上执行结果可以看出，客户端 B 成功进行了事务回滚。此时通过客户端 A 再次查询 account 表中的数据，SQL 语句如下所示。

```
mysql> select * from account;
+----+------+-------+
| id | name | money |
+----+------+-------+
|  1 | A    |   900 |
|  2 | B    |  1100 |
|  3 | C    |  1000 |
+----+------+-------+
3 rows in set (0.00 sec)
```

从代码的执行结果可以看出，客户端 A 查询到了客户端 B 事务回滚后的数据。在实际应用中应该根据实际情况合理地使用 Read Uncommitted（读未提交）隔离级别，以此来减少数据的脏读问题。

2. 不可重复读问题

当事务的隔离级别设置为 Read Committed（读已提交）时，一个事务在对数据进行查询的过程中可能会遇到其他事务对数据进行修改的情况，从而导致事务中的两次查询结果不一致，即出现数据的不可重复读问题。下面将对这种情况进行详细的演示。

首先，将客户端 A 的隔离级别设置为 Read Committed（读已提交），SQL 语句如下所示。

```
mysql> set session transaction isolation level read committed;
Query OK, 0 rows affected (0.00 sec)
```

从上方代码的执行结果可以看出，客户端 A 的隔离级别设置为了 Read Committed（读已提交）。这时在客户端 A 中开启一个查询 account 表数据的事务，SQL 语句如下所示。

```
mysql> start transaction;
Query OK, 0 rows affected (0.00 sec)

mysql> select * from account;
+----+------+-------+
| id | name | money |
```

```
+----+------+-------+
| 1 | A    |   900 |
| 2 | B    |  1100 |
| 3 | C    |  1000 |
+----+------+-------+
3 rows in set (0.00 sec)
```

然后在客户端 *B* 中进行事务操作。开启事务后，进行账户 A 转账给账户 C 100 元的数据操作并提交事务，SQL 语句如下所示。

```
mysql> start transaction;
Query OK, 0 rows affected (0.00 sec)

mysql> update account set money=money-100 where name='A';
Query OK, 1 row affected (0.00 sec)
Rows matched: 1  Changed: 1  Warnings: 0

mysql> update account set money=money+100 where name='C';
Query OK, 1 row affected (0.00 sec)
Rows matched: 1  Changed: 1  Warnings: 0

mysql> commit;
Query OK, 0 rows affected (0.03 sec)
```

从以上执行结果可看出，客户端 *B* 中的事务操作完成，账户 A 给账户 C 转账了 100 元，此时在未提交事务的客户端 *A* 中再次查询 account 表中的数据信息，SQL 语句如下所示。

```
mysql> select * from account;
+----+------+-------+
| id | name | money |
+----+------+-------+
| 1 | A    |   800 |
| 2 | B    |  1100 |
| 3 | C    |  1100 |
+----+------+-------+
3 rows in set (0.00 sec)
```

从以上代码的执行结果可看出，从客户端 *A* 中查询出了客户端 *B* 修改后的数据，也就是说客户端 *A* 在同一个事务中分别在不同时间段查询同一个表的结果不一致，即数据的不可重复读问题。

3. 幻读问题

幻读问题的出现与不可重复读问题的出现原因类似，当事务的隔离级别为 Repeatable Read（可重复读）时，一个事务在查询过程中，其他事务可能会对数据继续更新操作，从而导致两次查询的数据条数不一致。下面将针对事务中出现幻读的情况进行详细的演示和说明。

首先，将客户端 *A* 的隔离级别设置为 Repeatable Read（可重复读），SQL 语句如下所示。

```
mysql> set session transaction isolation level repeatable read;
Query OK, 0 rows affected (0.00 sec)
```

从上方代码的执行结果可以看出，客户端 *A* 的隔离级别成功设置为了 Repeatable Read（可重复读）。接下来，在客户端 *A* 中开启一个查询 account 表数据的事务，SQL 语句如下所示。

```
mysql> start transaction;
Query OK, 0 rows affected (0.00 sec)
```

```
mysql> select * from account;
+----+------+-------+
| id | name | money |
+----+------+-------+
|  1 | A    |   800 |
|  2 | B    |  1100 |
|  3 | C    |  1100 |
+----+------+-------+
3 rows in set (0.00 sec)
```

然后在客户端 B 中进行更新操作，添加一个余额为 500 元的账户 D，SQL 语句如下所示。

```
mysql> insert into account values(4,'D',500);
Query OK, 1 row affected (0.05 sec)
```

从以上执行结果可看出，客户端 B 中的数据添加操作执行成功，此时在未提交事务的客户端 A 中查询 account 表中的数据，SQL 语句如下所示。

```
mysql> select * from account;
+----+------+-------+
| id | name | money |
+----+------+-------+
|  1 | A    |   800 |
|  2 | B    |  1100 |
|  3 | C    |  1100 |
+----+------+-------+
3 rows in set (0.00 sec)
```

从执行结果可以看出，在客户端 A 中查询 account 表的数据并没有出现幻读的问题，这与之前预期的结果并不相同。出现这种情况的主要原因是 MySQL 的存储引擎通过多版本并发控制（Multi Version Concurrency Control，MVCC）机制解决了数据幻读的问题。因此，当 MySQL 的隔离级别为 Repeatable Read（可重复读）时，是可以避免幻读问题的出现的。

4. 可串行化

Serializable（可串行化）为最高的事务隔离级别，该级别会在每一行读取的数据上都加锁，从而使各事务之间不会出现相互冲突，但这种方式会导致系统资源占用过多，出现大量的超时现象。下面将对这种隔离级别进行演示和说明。

首先，将客户端 A 的隔离级别设置为 Serializable（可串行化），SQL 语句如下所示。

```
mysql> set session transaction isolation level serializable;
Query OK, 0 rows affected (0.00 sec)
```

然后在客户端 A 中开启一个查询 account 表数据的事务，具体的 SQL 语句如下所示。

```
mysql> start transaction;
Query OK, 0 rows affected (0.00 sec)

mysql> select * from account;
+----+------+-------+
| id | name | money |
+----+------+-------+
|  1 | A    |   800 |
|  2 | B    |  1100 |
```

```
| 3 | C    | 1100 |
| 4 | D    |  500 |
+----+------+------+
4 rows in set (0.00 sec)
```

接着在客户端 B 中进行更新操作，添加一个余额为 800 元的账户 E，SQL 语句如下所示。

```
mysql> insert into account values(5,'E',800);
ERROR 1205 (HY000): Lock wait timeout exceeded; try restarting transaction
```

从执行结果可以看出操作超时，导致数据添加失败。造成这种现象的原因是此时客户端 A 的事务隔离级别为 Serializable（可串行化），客户端 A 中的事务还没有提交，所以客户端 B 必须等到客户端 A 中的事务提交后，才可以进行添加数据的操作，当客户端 A 长时间没有提交事务时，客户端 B 便会出现操作超时的错误。这种事务长时间的等待操作会占用很大一部分的系统资源，从而降低系统的性能。因此，在实际应用中很少使用 Serializable（可串行化）这种隔离级别。

9.1.6 隔离级别的选取

事务的隔离级别越高越能保证数据的完整性和一致性，但是对系统并发性能的影响也越大。对于大多数应用程序，可以优先考虑把数据库系统的隔离级别设为 Read Committed，这样可以有效避免数据的脏读，而且具有较好的并发性能。尽管这种级别会导致不可重复读、虚读这些并发问题，但在个别的应用场合中可采用悲观锁或乐观锁来控制。合理地选用不同的隔离等级可以在不同程度上避免前面所提及的在事务处理中所面临的各种问题，所以，数据库隔离级别的选取就显得尤为重要。在选取数据库的隔离级别时，读者可以参考以下几个原则。

（1）首先，需要排除数据脏读的影响，在多个事务之间要避免进行"非授权的读"操作。因为事务的回滚操作或失败将会影响其他的并发事务，第一个事务的回滚会完全将其他事务的操作清除，这可能导致数据库处在一个不一致的状态。

（2）其次，绝大部分应用都无须使用"序列化"隔离，在实际的应用中，数据的幻读可以通过使用悲观锁这种强行使所有事务都序列化执行的方式来解决。

（3）对于大部分应用，可以优先考虑可重复读。这主要是因为所有的数据访问都是在统一的原子数据库事务中进行的，此隔离级别将消除一个事务在另外一个并发事务过程中覆盖数据的可能性。另外，在 MySQL 的 InnoDB 存储引擎中也可以加入 MVCC 等机制来解决数据的幻读问题。

合理地选用隔离级别，不仅可以避免数据的混乱，还可以提高数据库系统在高访问时的健壮性。

9.2 锁机制

简单来说，数据库的锁机制主要是为了使用户对数据的访问变得有序，保证数据的一致性。锁机制是实现宏观上高并发最简单的方式，但从微观的角度来说，锁机制其实是读写串行化。

9.2.1 MySQL 锁定机制简介

MySQL 数据库中存在多种数据存储引擎，由于每种存储引擎所针对的应用场景不一样，内部的锁定机制也是为它们各自所面对的特定场景而优化设计的，所以各存储引擎的锁定机制之间本质上也存在较大的区别。MySQL 中常见的 InnoDB 引擎支持行级锁，但有时也会升级为表级锁，而 MyISAM 引擎只支持表级锁。另外，有些存储引擎也支持页级锁（性能介于行级锁和表级锁之间，但不常用）。行级锁和表级锁的特点如下。

表级锁的特点是开销小，加锁快，不会出现死锁。但由于锁粒度大，发生锁冲突的概率较高，抗并发能力较低。

行级锁的特点是开销大，加锁慢，会出现死锁的情况。由于锁粒度小，发生锁冲突的概率较低，抗并发能力较高。

前面介绍事务时已经提到，多个事务同时访问同一数据会造成并发异常的问题。实际上，各种隔离级别也是靠锁机制实现的。接下来，将针对 MySQL 中常用的 InnoDB 引擎进行详细说明。

9.2.2 InnoDB 锁类型

数据库系统中常见的锁按锁粒度可以划分为表级锁、行级锁和页级锁，行级锁中主要的锁类型有读锁、写锁，而表级别的锁有意向锁。下面将针对常见锁的工作机制进行详细的说明。

1. 读锁

读锁又被称为共享锁（Shared Locks，简称为 S）。S 锁的粒度是行级或者元组级（多个行），多个不同的事务对一个资源共享一把锁。如果事务 T_1 对行 R 加上 S 锁，则会产生以下情况。

（1）其他事务 T_2、T_3、……T_n 只能对行 R 加上 S 锁，不能再加上其的锁。

（2）被加上 S 锁的数据，用户只能进行读取，不能写入数据（包括修改和删除）。

（3）如果需要修改数据，必须等所有的共享锁释放完。

在 MySQL 中，设置共享锁的语法格式如下：

```
SELECT * FROM 表名 WHERE 条件 LOCK IN SHARE MODE;
```

上方语法格式中，LOCK IN SHARE MODE 表示为搜索到的行加上共享锁（S 锁）。例如，在一个未结束的事务 A 中给一条数据加上 S 锁，如下所示。

```
mysql> begin;
mysql> select * from test where id=1 lock in share mode;
+----+------+
| id | name |
+----+------+
|  1 |  A   |
+----+------+
```

在事务 B 中为同样的数据加上共享锁，即可加锁成功。

```
select * from test where id=1 lock in share mode;
```

但是，如果事务 A 或者事务 B 更新该数据，则会提示锁等待的错误信息，如下所示。

```
mysql> update test set id=2 where id=1
ERROR 1205 (HY000): Lock wait timeout exceeded; try restarting transaction
```

从上面代码的执行结果可以看出，当一个事务对数据加上 S 锁时，事务本身和其他事务只能读取该数据，但不能修改数据。

2. 写锁

写锁又被称为排他锁（Exclusive Locks，简称为 X）。X 锁也是作用于行或者元组的。如果一个事务 T_1 对行 R 加上了 X 锁，则会产生以下情况。

（1）事务 T_1 可以对行 R 范围内的数据进行读取和写入操作（包括修改和删除）。

（2）其他事务都不能对行 R 施加任何类型的锁，而且无法进行增删改操作，直到事务 T_1 在行 R 上的 X 锁被释放。

在 MySQL 中设置 X 锁的语法格式如下。

```
SELECT * FROM 表名 WHERE 条件 FOR UPDATE;
```

上方语法格式中，FOR UPDATE 表示为指定的行加上排他锁（X 锁）。例如，在一个未结束的事务 A 中给一条数据加上 X 锁，如下所示。

```
mysql> begin;
mysql> select * from test where id=1 for update;
+----+------+
| id | name |
+----+------+
|  1 |  A   |
+----+------+
```

在事务 A 中尝试更新被指定 X 锁的数据，SQL 语句如下所示。

```
mysql> update test set id=2 where id=1;
Query OK, 1 row affected (0.00 sec)
Rows matched: 1  Changed: 1  Warnings: 0
```

可以看出，事务 A 对该数据库进行了修改操作。接下来，在事务 B 中尝试查看该行数据。

```
mysql> select * from test;
+----+------+
| id | name |
+----+------+
|  1 |  a   |
+----+------+
1 row in set (0.00 sec)
```

可以看出，事务 B 可以查看该数据。接下来在事务 B 中尝试修改这条数据，SQL 语句如下所示。

```
mysql> update test set id=3 where id=1;
ERROR 1205 (HY000): Lock wait timeout exceeded; try restarting transaction
```

从上面代码的执行结果可以看出，事务 B 对加上 X 锁的数据修改失败。需要注意，排他锁指的是一个事务为一行数据加上排他锁后，其他事务不能再在其上加其他锁。MySQL 的 InnoDB 引擎默认的修改数据语句 UPDATE、DELETE、INSERT 都会自动给涉及的数据加上排他锁，SELECT 语句默认不会加任何锁。另外，加过排他锁的数据行在其他事务中也不能通过 FOR UPDATE 和 LOCK IN SHARE MODE 的方式查询数据，但可以直接通过 SELECT…FROM…查询数据，这是因为普通查询没有任何锁机制。

3. 意向锁

在 InnoDB 引擎中，意向锁（Intention Locks）的粒度为表级。意向锁是数据库的自身行为，不需要人工干预，在事务结束后会自行解除。意向锁分为意向共享锁（IS）和意向排他锁（IX），其主要作用是提升存储引擎的性能。在 InnoDB 引擎中的 S 锁和 X 锁为行级锁，每当事务到来时，存储引擎需要遍历所有行的锁持有情况，这样会增加系统的性能损耗。因此 MySQL 数据库系统引入了意向锁，在检查行级锁之前会先检查意向锁是否存在，如果存在则阻塞线程。

总的来说，事务要获取表中某行的 S 锁必须要获取该表的 IS 锁；同样，事务要获取表中某行的 X 锁必须要获取表的 IX 锁。下面将通过演示对意向锁进行说明。

首先事务 T_1 对 test 表中 id=1 的行加上 S 锁。

```
mysql> begin
mysql> select * from test where id = 1 lock in share mode;
```

这时，如果事务 T_2 需要对 test 表中 id > 0 的行加上 X 锁，则系统会执行以下步骤。

（1）判断 test 表中是否有表级锁。

（2）判断 test 表中每一行是否有行级锁。

当数据量较大时（100 万～1000 万条数据），步骤（2）中的判断效率极低。引入意向锁后，步骤（2）就可以变为对意向锁的判断，即如果发现 test 表中有 IS 锁，则说明表中肯定有 S 锁。因此，事务 T_2 申请 X 锁的请求将会被阻塞。加入意向锁后，系统将不需要再对全表中的数据进行判断，可大大提高判断效率。

4. 间隙锁

间隙锁（Gap Lock）是 InnoDB 引擎在可重复读（Repeatable Read）的隔离级别下为了解决幻读和数据误删问题而引入的锁机制。当使用范围条件检索数据并请求共享或排他锁时，InnoDB 引擎会给符合条件的已有数据记录的索引项加锁。键值在条件范围内但不存在的记录叫作"间隙（GAP）"，InnoDB 引擎也会对这个"间隙"加锁。例如，在 MySQL 中存在一张 test 表，其中 id 为主键，name 为非唯一索引，表中的数据如图 9.4 所示。

当事务 T_1 执行范围性语句 "select * from test where id > 0 and id < 5 for update;" 检索时，会查询出图 9.5 所示的数据。

id	name	age
1	li	20
3	yang	21
4	zhao	20
5	qin	19
6	wu	21

图 9.4　test 表

id	name	age
1	li	20
3	yang	21
4	zhao	20
5	qin	19
6	wu	21

图 9.5　test-2 表

从图 9.5 可以看出，表中并不存在 id 为 2 的数据，而这种不存在的数据被称为"间隙"，InnoDB 引擎也会对这些"间隙"加锁。此时，如果事务 T_2 执行 INSERT 语句，插入一条 id 为 2 的数据，则需要等到事务 T_1 结束才可以插入成功；如果事务 T_1 长时间不结束，则会造成系统中出现死锁，降低数据库性能和数据安全性。

5. 锁等待和死锁

锁等待是指在一个事务执行过程中，一个锁需要等到上一个事务的锁释放后才可以使用该资源。如果事务一直不释放，就需要持续等待下去，直到超过锁等待时间，此时系统会报出超时错误。MySQL

中锁等待时间是通过 innodb_lock_wait_timout 参数控制的，该参数的单位为秒，具体 SQL 语句如下。

```
mysql> show variables like '%innodb_lock_wait%';
+--------------------------+-------+
| Variable_name            | Value |
+--------------------------+-------+
| innodb_lock_wait_timeout | 50    |
+--------------------------+-------+
1 row in set (0.00 sec)
```

可以看出，设置的等待时间为 50 秒。

9.2.3　锁监控与优化

在 MySQL 中可以通过 SHOW FULL PROCESSLIST 命令和 SHOW ENGINE INNODB STATUS 命令来监控事务中的锁情况。另外，也可以通过查询 information schema 库下的 INNODB TRX、INNODB LOCKS 和 INNODB LOCK WAITS 这 3 张表来获取更加详细的锁的信息。因为 InnoDB 存储引擎可以实现行级锁定，所以性能损耗会比表级锁定高。当系统并发量较高时，InnoDB 引擎的整体性能会比 MyISAM 引擎更有优势。但是，如果对行级锁使用不当，也可能会造成 InnoDB 引擎的整体性能下降。在使用 InnoDB 引擎时，应该注意以下几点。

（1）合理设置索引，尽可能让所有的数据检索都通过索引来完成，从而避免 InnoDB 引擎因为无法通过索引加锁而升级为表级锁定的现象。

（2）减少基于范围的数据检索，避免因间隙锁带来的负面影响而锁定了不该锁定的记录。

（3）控制事务的大小，缩减锁定的资源量和锁定时间。

（4）在业务环境允许的情况下，尽量使用较低级别的事务隔离，以减少 MySQL 实现事务隔离级别的附加成本。

在同一个事务中，尽可能做到一次性锁定需要的所有资源，降低死锁发生的概率。另外，对于非常容易产生死锁的业务部分，可以尝试升级锁定粒度，通过表级别的锁定来降低死锁产生的概率。

9.3　本章小结

本章首先介绍了事务的基本概念；然后详细介绍了事务管理的相关操作，包括事务的使用、回滚操作等；接着介绍了事务的 ACID 特性和事务的隔离级别；最后介绍了数据库中锁的机制和优化方案。因为本章涉及的专业名词和概念较多，建议读者多进行实际的操作来验证。

9.4　习题

1. 填空题

（1）事务的 ACID 特性包括_____、_____、_____、_____。

（2）事务可以理解为一组_____的集合。

（3）对于只有 1 个 CPU 的系统来说，并发在微观上实际是_____。

（4）MySQL 中锁按照粒度可划分为_____、_____、_____。

（5）多个事务在访问同一数据时会出现_____、_____、_____等问题。

2. 选择题

（1）在 MySQL 中可以通过（   ）命令开启事务。

A. READY   B. START   C. BEGIN   D. GO

（2）事务的提交命令是（   ）。

A. UP   B. COMMIT   C. ROLLBACK   D. SUBMIT

（3）下面的锁定机制中，作用于表级别的是（   ）。

A. S 锁   B. X 锁   C. IS 锁   D. 以上都不是

（4）MySQL 中出现数据脏读的原因是（   ）。

A. 读取了未提交的数据   B. 读取了改变过后的数据

C. 读取了锁定的数据   D. 读取了提交的数据

（5）MySQL 中默认的隔离级别为（   ）。

A. 读未提交   B. 读已提交   C. 可重复读   D. 可串行化

3. 简答题

（1）幻读和虚读的区别是什么？

（2）InnoDB 引擎和 MyISAM 引擎在锁机制上的区别是什么？

（3）如何监控事务中锁的情况？

第 10 章　MySQL 数据备份

本章学习目标

- 了解什么是数据库备份
- 掌握数据库备份和恢复的方法
- 掌握数据迁移的操作流程
- 掌握数据库的导入和导出方法

在当前这个信息时代，数据是一个企业的核心，保证数据的安全性是必不可少的。数据在存储过程中会因为一些不确定的因素而出现异常，如机房停电、数据管理员误删、病毒入侵等。因此，对重要的数据进行定期备份是保证数据安全最有效的措施。当数据库中的数据出现错误或者丢失时，可以使用先前备份的数据进行恢复。本章将对 MySQL 中数据的备份、恢复、迁移和导入/导出进行详细的讲解。

10.1　数据备份概述

数据的定期备份可以最大限度地减少企业在面临数据异常时的损失，对于海量的数据，在进行备份时应该考虑多种因素，尽可能地减少对正常运行业务的影响。本节将对数据的备份原则和常见的备份方式进行说明。

10.1.1　数据备份原则

数据对于企业而言是无价的，服务器在运行过程中可能会因以下原因造成数据的丢失：硬件故障、软件故障、自然灾害、黑客攻击或管理人员的误操作。

企业中的数据管理人员具有很高的系统权限，在对数据进行调用或者管理时很容易因管理员的一个误操作而造成经济损失，这种因素在数据丢失中占比偏高。数据的定期备份可以满足后期的灾难恢复、审计、测试等需求，例如，将最新备份的数据更新到企业的测试环境中，不仅可以检验新软件或者系统对真实数据的处理能力，还可以避免上线后因软件兼容问题而引发异常。

在对数据进行备份时，不仅需要考虑数据库的大小、存储引擎，还要考虑数据的重要性和数据变化的频繁性，从而决定使用何种备份方式和备份频率。另外，还要结合行业规范和公司规定。备份后的数据建议存放在指定的服务器上，最好不要存放在同一台主机上。

10.1.2 备份类型的划分

MySQL 数据库在进行备份时不仅需要备份数据文件，还需要备份二进制日志和配置文件。数据备份时，根据服务器是否在线，可以将备份类型分为热备份、温备份和冷备份；根据备份方式的不同，可以将备份类型分为物理备份和逻辑备份；根据备份数据量的大小，可以将备份类型划分为全量备份、增量备份和差异备份，如图 10.1 所示。

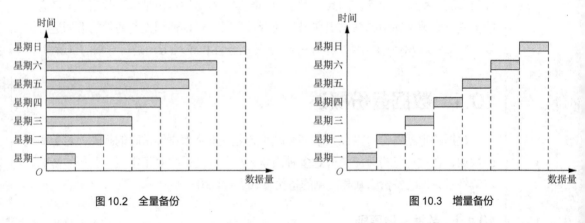

图 10.1　数据库备份类型

下面以根据数据量划分的备份类型为例进行说明。

1. 全量备份

全量备份又被称为完全备份，就是对全部数据进行备份。全量备份的优点是当灾难发生时，可以实现全部数据的恢复，但以这种方式备份的数据有许多是重复的，这无疑增加了成本，而且由于需要备份的数据量相当大，因此备份所需的时间也比较长。全量备份如图 10.2 所示。

2. 增量备份

增量备份主要备份的是上次备份以后创建或更改的文件，如图 10.3 所示。

图 10.2　全量备份　　　　　　　　图 10.3　增量备份

因每次仅备份上次备份以后有变化的文件，所以备份文件体积小而且备份速度快，但在进行数据恢复时，需要按备份时间顺序逐个对备份版本进行恢复，并且耗费时间较长。

3. 差异备份

差异备份主要备份的是第一次备份后到目前为止产生的数据。差异备份是一个积累变化的过程，占用空间比增量备份大，比全量备份小。数据恢复时仅需要恢复第一个完整版本和最后一次的差异版本（包含所有的差异），恢复速度介于全量备份和增量备份之间。差异备份如图 10.4 所示。

接下来将对生产环境中常用的备份类型和方式进行详细讲解。

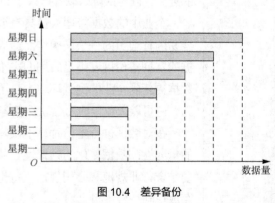

图 10.4　差异备份

10.2 物理备份

物理备份主要使用 tar、xtrabackup 等 Linux 操作系统工具直接备份数据库文件,该备份方式适用于大型数据库环境,而且不受存储引擎的限制,但数据不能恢复到不同的 MySQL 版本上。物理备份可以通过 tar 打包工具、LVM 快照以及 xtrabackup 工具进行。

10.2.1 tar 打包备份

使用 tar 打包工具备份期间,MySQL 服务将处于不可用状态,具体流程如下。

1. 停止数据库

首先需要停止 mysqld 服务,并创建相关的备份目录。

```
[root@mysql ~]# systemctl stop mysqld
[root@mysql ~]# mkdir /backup
```

需要注意,本次演示使用的是 root 用户,读者在创建备份目录时需要考虑目录的权限问题。

2. 使用 tar 备份数据

备份目录创建完成后,即可使用 tar 命令对数据文件进行备份。

```
[root@mysql ~]# tar -czPf /backup/`date +%F`-mysql-all.tar /var/lib/mysql
[root@mysql backup]# ls /backup/
2020-05-09-mysql-all.tar
```

可以看出,已经对数据库进行了相应的备份。需要注意,为安全起见,使用者应当将备份的数据库文件复制到其他服务器上。

3. 启动数据库

数据备份完成后,启动 mysqld 服务即可。

```
[root@mysql ~]# systemctl start mysqld
```

在真实的生产环境中,使用者可能会因为一些误操作而丢失数据。将/var/lib/mysql 目录下的数据文件删除,模拟数据丢失的情况,具体操作如下。

删除/var/lib/mysql 目录下的数据文件,并停止 mysqld 服务。

```
[root@mysql ~]# systemctl stop mysqld
[root@mysql ~]# rm -rf /var/lib/mysql/*
```

此时数据库文件已经丢失,使用先前备份的文件进行数据恢复,具体操作代码如下。

```
[root@mysql ~]# tar -xvf /backup/2020-05-09-mysql-all.tar -C /
```

数据恢复后,启动 mysqld 服务即可。

```
[root@mysql ~]# systemctl start mysqld
```

用户也可以登录数据库查看数据是否恢复成功。需要注意,使用这种方式进行备份时,备份点到崩溃点之间的数据需要通过二进制日志进行恢复。

10.2.2 LVM 快照备份

LVM（Logical Volume Manager，逻辑卷管理）不仅可以通过增减 PE（Physical Extent，物理扩展区）的数量来弹性调整文件系统的大小，还可以通过磁盘快照的形式对文件系统进行记录。当文件系统损坏时，用户可以利用先前的快照对损坏的文件进行恢复。使用 LVM 快照方式备份数据库文件的优点如下。

（1）因为备份过程需要加全局读锁，所以接近于热备份。

（2）支持所有存储引擎。

（3）备份速度快。

（4）因为 LVM 属于操作系统级别的软件，因此无须使用昂贵的商业软件。

在真实的生产环境中，如果数据分布在多个数据卷上，使用 LVM 方式则比较烦琐，使用者应结合实际情况选择合适的备份方式。下面将通过具体的案例演示使用 LVM 方式对数据进行备份的具体流程和注意事项。

进行快照备份之前，用户需要创建 LVM 及文件系统，并将数据迁移至 LVM 中，操作流程如下（省略部分代码的执行过程）。

```
# 创建新的 LVM 分区
[root@mysql~] # lvcreate -n lv-mysql -L 2G  vg1

# 格式化文件系统
[root@mysql~] # mkfs.xfs /dev/vg1/lv-mysql

# 停止 MySQL 服务
[root@mysql~] # systemctl stop mysqld

# 进行临时挂载
[root@mysql~] # mount /dev/vg1/lv-mysql /mnt/

# 将 MySQL 原数据镜像到临时挂载点
[root@mysql~] # cp -a /var/lib/mysql/* /mnt
[root@mysql~] # umount /mnt/

# 设置开启自动挂载
[root@mysql~] # vim /etc/fstab /dev/datavg/lv-mysql /var/lib/mysql xfs defaults 0 0

# 修改数据文件的相应权限并启动 MySQL 服务
[root@mysql~] # chown -R mysql.mysql /var/lib/mysql
[root@mysql~] # systemctl start mysqld
```

数据迁移至 LVM 后即可进行快照备份，在进行备份之前，为了避免备份过程中有新的数据插入，需要为数据库文件加上全局读锁。

```
mysql> flush tables with read lock;
```

接下来创建 LVM 快照进行数据备份。

```
[root@mysql ~]# lvcreate -L 500M -s -n lv-mysql-snap /dev/vg1/lv-mysql
```

查询此时二进制日志的位置，方便下次使用二进制日志还原数据。

```
[root@mysql ~]# mysql -p'QianFeng@123'  -e 'show master status' > /backup/`date
+%F`_position.txt
```

释放全局读锁并从快照中复制数据。

```
[root@mysql ~]# fg
mysql -uroot -p123
mysql> unlock tables;

[root@mysql ~]# mount -o nouuid /dev/vg1/lv-mysql-snap /mnt/
[root@mysql ~]# cd /mnt/
[root@mysql ~]# tar -cf /backup/`date +%F`-mysql-all.tar ./*
```

数据备份成功后，删除现有快照即可。

```
[root@mysql ~]# umount /mnt/
[root@mysql ~]# lvremove -f /dev/vg1/lv-mysql-snap
```

至此，使用 LVM 物理备份成功。当需要恢复数据时，用户只需将压缩文件解压至 MySQL 数据文件目录即可。

10.2.3　xtrabackup 备份

XtraBackup 是一款基于 MySQL 热备份的开源实用程序，可以实现 MySQL 数据库的热备份。XtraBackup 程序主要包含的工具为 xtrabackup、innobackupex，该程序的下载页面如图 10.5 所示。

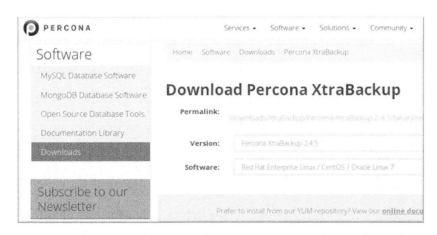

图 10.5　XtraBackup 程序下载页面

CentOS 系统中可以直接使用 Yum 工具安装 XtraBackup 程序，具体操作代码如下。

```
# 安装对应的 EPEL 源和 libev 依赖
[root@mysql ~]# yum install
https://dl.fedoraproject.org/pub/epel/epel-release-latest-7.noarch.rpm
[root@mysql ~]# yum  install -y libev

# 安装 percona 存储库
[root@mysql ~]# yum install
https://repo.percona.com/yum/percona-release-latest.noarch.rpm
```

```
# 安装 XtraBackup
[root@mysql ~]# yum -y install percona-xtrabackup-24.x86_64

# 查询安装结果和安装文件
[root@mysql ~]# rpm -qa |grep xtra
grub2-tools-extra-2.02-0.76.el7.centos.x86_64
percona-xtrabackup-24-2.4.20-1.el7.x86_64
```

用户也可以在命令行中输入 xtrabackup 命令查看 XtraBackup 是否安装成功。下面将通过具体的案例演示 xtrabackup 备份策略。

1. 使用 xtrabackup 工具进行全量备份

使用 xtrabackup 工具进行数据备份时，用户可以在 MySQL 的配置文件（my.cnf）中指定备份文件的路径。

```
# my.cnf 文件的配置
[xtrabackup]
target_dir = /backups/mysql/    # 备份数据放置的位置
```

如果是使用编译安装的方式部署的 xtrabackup 工具，还需要在配置中指定 socket 文件的路径。

```
[xtrabackup]
socket = /tmp/mysql.sock
```

用户也可以直接在命令行中指定备份数据要存放的位置（目录），如果目录不存在系统会自动创建。使用命令行的形式对 MySQL 数据进行备份的操作代码如下。

```
[root@mysql ~]# xtrabackup --backup --user=root --password='123'
--target-dir=/backups/full
// 省略部分内容
MySQL binlog position: filename 'mysql-bin.000025', position '194', GTID of the last
change '26fb87ff-77d7-11ea-b43b-000c29f2444c:1-28,
d37aa9cb-88f5-11ea-98ce-000c29fa93d9:1'
200514 09:31:32 [00] Writing /xtrabackup/full/2020-05-14_09-31-30/backup-my.cnf
200514 09:31:32 [00]         ...done
200514 09:31:32 [00] Writing /xtrabackup/full/2020-05-14_09-31-30/xtrabackup_info
200514 09:31:32 [00]         ...done
xtrabackup: Transaction log of lsn (2728503) to (2728512) was copied.
200514 09:31:32 completed OK!
```

备份完成后，用户可以看到备份时的 LSN（Log Sequence Number，日志序列号），当下次进行增量备份时，xtrabackup 会自动识别 LSN。用户可以到指定路径查看备份的数据文件。

```
[root@mysql ~]# ls /backups/full/2020-05-14_09-31-30/
backup-my.cnf   performance_schema   xtrabackup_binlog_info
ib_buffer_pool  qianfeng             xtrabackup_checkpoints
ibdata1         sys                  xtrabackup_info
mysql           test                 xtrabackup_logfile
```

数据备份目录中存在着与数据库名称相同的目录，这些目录中存放着各个数据库的数据文件。另外，在数据备份目录中还存在一个 InnoDB 的共享表空间文件 ibdata1，如果用户只想备份某一个数据库，则需要保证在创建这个数据库时，已经开启了 innodb_file_per_table 参数，否则将无法单独备份数据库服务器中的某一个数据库。

除了前面描述的这些数据文件外，xtrabackup 还生成了另外一些文件，这些文件包含的信息如下。

（1）backup-my.cnf：此文件中包含了备份时需要使用的 my.cnf 备份文件中的一些设置信息（并不是全部信息）。

（2）xtrabackup_binlog_info：此文件中记录了备份开始时二进制日志文件的 position（位置）。

（3）xtrabackup_checkpoints：此文件中记录了此次备份的类型和起始/结束的 LSN 等信息。

（4）xtrabackup_info：此次备份的概要信息。

（5）xtrabackup_logfile：此文件中记录了备份过程中的日志。

使用 xtrabackup 备份后的数据并不能直接使用，还需要将同时备份出的事务日志应用到备份中，才可以得到一份完整、一致、可用的数据。XtraBackup 官方将这一步操作称为"prepare"，直译过来就是"准备"。

```
[root@mysql ~]# mkdir /backups
[root@mysql ~]# xtrabackup --prepare --target-dir=/backups/full
```

备份时间和备份日志随着数据量的增大而变化，如果需要对备份进行加速，可以在备份时使用 --use-memory 选项来分配内存的大小，从而提高备份的效率。如果不指定，则系统会默认占用 100MB 的内存空间。使用 --use-memory 选项分配内存的示例语句如下。

```
[root@mysql ~]# xtrabackup --prepare --use-memory=512M --target-dir=/backups/full
```

在 prepare 阶段，不建议中断 xtrabackup 进程，因为这可能会造成备份数据文件损坏，从而无法保证备份有效性。准备备份数据完成后，可以在页面中看到如下信息。

```
InnoDB: Starting shutdown...
InnoDB: Shutdown completed; log sequence number 13596200
180818 10:09:19 completed OK!
```

当数据丢失时，用户可以通过备份好的数据进行恢复。同样，如果用户没有在 my.cnf 配置中指定数据恢复的路径 datadir，则可以在命令行进行指定。需要注意，为了可以正常恢复数据，需要确保已将 MySQL 服务停止，并且相应的数据库目录中不存在任何数据。

使用 xtrabackup 恢复数据的主要流程如下所示。

```
# 停止 MySQL 服务
[root@mysql ~]# systemctl stop mysqld.service

# 清空恢复目录
[root@mysql ~]# rm -rf /var/lib/mysql/*

# 使用 xtrabackup --copy-back 进行恢复
[root@mysql ~]# xtrabackup --copy-back --datadir=/var/lib/mysql
--target-dir=/backups/full
// 省略部分输出结果
180818 10:59:25 [01]         ...done
180818 10:59:25 completed OK!

# 调整相应的权限并启动 MySQL
[root@mysql ~]# chown  mysql.mysql -R /var/lib/mysql
[root@mysql ~]# systemctl start mysqld.service
```

用户也可以通过 rsync 命令进行数据恢复。

```
[root@mysql ~]# rsync -avrP /backup/ /var/lib/mysql/
[root@mysql ~]# chown mysql.mysql -R /var/lib/mysql
```

至此，数据恢复完成。用户可以通过登录 MySQL 数据库查看相应的数据是否恢复成功。

2. 使用 xtrabackup 工具进行增量备份

无论是 xtrabackup 工具还是 innobackupex 工具，都支持增量备份。管理者可以根据实际情况设置备份策略，例如：每周执行一次完整备份，每天执行一次增量备份；或者每天执行一次完整备份，每小时执行一次增量备份。数据执行全量备份后，会在目录下产生 xtrabackup_checkpoints 文件，里面记录了 LSN 和备份的方式，管理者可以基于本次的全量备份继续做增量备份。xtrabackup_checkpoints 文件内容如下。

```
[root@mysql ~]# cat /backups/full/2020-05-14_09-31-30/xtrabackup_checkpoints
backup_type = full-backuped
from_lsn = 0
to_lsn = 2728503
last_lsn = 2728512
compact = 0
recover_binlog_info = 0
flushed_lsn = 2728512
```

增量备份实际上并不是将数据文件与先前备份的文件进行比较。事实上，只要用户知道上次备份后的 LSN，即可使用 xtrabackup --incremental-lsn 命令来进行增量备份。增量备份只是读取页面并将其 LSN 与最后一个备份的 LSN 进行比较。需要注意，增量备份是在全量备份的基础上进行的，如果此前没有进行全量备份，那么增量备份的数据也将毫无用处。

下面将以先前进行的全量备份为基础，进行 MySQL 数据库的增量备份。先向数据库中插入一些测试数据，模拟数据的更新操作。

```
mysql> select * from DB.test1;
+------+----------+
| id   | name     |
+------+----------+
|    1 | qianfeng |
+------+----------+
1 row in set (0.00 sec)

mysql> insert into DB.test1 values(2,"qianfeng");
Query OK, 1 row affected (0.01 sec)
```

数据插入完成后即可进行增量备份，具体的操作代码如下所示。

```
[root@mysql ~]# xtrabackup --backup --user=root --password=123
--target-dir=/backups/inc1 --incremental-basedir=/backups/full
// 省略部分内容
MySQL binlog position: filename 'mysql-bin.000026', position '194', GTID of the
last change '26fb87ff-77d7-11ea-b43b-000c29f2444c:1-29,
d37aa9cb-88f5-11ea-98ce-000c29fa93d9:1'
200514 14:21:29 [00] Writing /backups/inc1/backup-my.cnf
200514 14:21:29 [00]        ...done
200514 14:21:29 [00] Writing /backups/inc1/xtrabackup_info
200514 14:21:29 [00]        ...done
```

```
xtrabackup: Transaction log of lsn (2729138) to (2729147) was copied.
200514 14:21:30 completed OK!
```

增量备份完毕后，读者可以观察/inc1/xtrabackup_checkpoints 文件中的 LSN 信息。

```
[root@mysql ~]# cat /backups/inc1/xtrabackup_checkpoints
backup_type = incremental
from_lsn = 2728503
to_lsn = 2729535
last_lsn = 2729544
compact = 0
recover_binlog_info = 0
flushed_lsn = 2729544
```

上方参数中，from_lsn 为备份的起始 LSN。对于增量备份，from_lsn 必须与前一个备份（全量备份）的 to_lsn 相同。另外，to_lsn（上一个检查点 LSN）和 last_lsn（上次复制的 LSN）之间存在差异，意味着在备份过程中服务器上存在一些流量。

增量备份的步骤与全量备份的步骤不同。在全量备份中，会执行以下操作：从日志文件中针对数据文件重播已提交的事务并回滚未提交的事务。而在准备增量备份时，必须跳过未提交事务的回滚，因为备份时未提交的事务可能正在进行，并且很可能它们将在下一次增量备份中提交。用户可以通过以下选项来阻止回滚。

```
[root@mysql ~]# xtrabackup --apply-log-only
```

在进行数据恢复时，需要依次将增量备份的文件与全量备份的文件合并（本次只进行了依次增量备份）。

```
[root@mysql ~]# xtrabackup  --prepare  --apply-log-only  --user=root --password=123
--target-dir=/backups/full  --incremental-dir=/backups/inc1
```

当 MySQL 出现数据丢失时，即可进行以下操作来恢复数据。

```
# 停止 MySQL 服务，并删除数据目录和日志
[root@mysql ~]# systemctl stop mysqld
[root@mysql ~]# rm -rf /var/lib/mysql/*

# 开始恢复合并后的全部数据的数据库
[root@mysql ~]# xtrabackup --copy-back  --datadir=/var/lib/mysql
--target-dir=/backups/full/

# 更改数据库目录的权限并启动数据库
[root@mysql ~]# chown mysql.mysql -R /var/lib/mysql
[root@mysql ~]# systemctl start mysqld
```

至此，即可实现 MySQL 增量备份后的数据恢复。

10.3　逻辑备份

物理备份主要备份的是真实的数据文件，而逻辑备份主要备份的是建表、建库、插入数据等操作所执行的 SQL 语句。

mysqldump 是一个逻辑备份工具，可以用来复制或备份数据、进行主从复制等操作。逻辑备份

与物理备份相比效率较低，其主要特点如下所示。

（1）可以查看或编辑，也可以灵活性地恢复先前的数据。

（2）会自动记录 position 并进行锁表。

（3）不关心底层的存储引擎，既适用于支持事务的表，也适用于不支持事务的表。

（4）因为涉及 SQL 语句的插入和创建索引等，所以会占用系统的磁盘 I/O。如果数据库过大，数据恢复的速度会非常慢。对于大规模的备份和恢复，更合适的做法是物理备份。

mysqldump 的主要语法格式如下。

```
mysqldump -h 服务器 -u 用户名 -p 密码  数据库名 > 备份文件.sql
```

用户可以使用 mysqldump --help 命令来获取帮助。mysqldump 命令中常用的参数如下。

（1）-A 或--all-databases：指定所有库文件。

（2）数据库名 表名：例如，school stu_info t1 表示 school 数据库中的 stu_info 表和 t1 表。

（3）-B 或--databases：指定多个数据库。

（4）--single-transaction：InnoDB 一致性、服务可用性。

（5）--master-data=0|1|2：其中 0 表示不记录二进制日志文件及位置；1 表示以 CHANGE MASTER TO 的方式记录位置，可用于恢复后直接启动从服务器；2 表示以 CHANGE MASTER TO 的方式记录位置，但默认被注释（前提是开启二进制日志）。

（6）--dump-slave：用于在 Slave 服务器上 dump 数据，从而建立新的 Slave。由于在使用 mysqldump 时会锁表，所以大多数情况下的导出操作会在拥有只读属性的备份数据库上进行。该参数主要是为了获取主数据库的 Relay_Master_Log_File（二进制日志）和 Exec_Master_Log_Pos（主服务器二进制日志中数据所处的位置），并且该参数目前只在 MySQL 5.7 以后的版本上存在。

（7）--no-data 或-d：不导出任何数据，只导出数据库表结构。

（8）--lock-all-tables：锁定所有表。对 MyISAM 引擎的表开始备份前，要先锁定所有表。

（9）--opt：同时启动各种高级选项。

（10）-R 或--routines：备份存储过程和存储函数。

（11）-F 或--flush-logs：备份之前刷新日志，截断日志。备份之后刷新二进制日志。

（12）--triggers：备份触发器。

使用 mysqldump 对数据库进行备份的示例语句如下。

```
[root@mysql ~]# mysqldump -p'123' \
--all-databases --single-transaction \
--master-data=2 \
--flush-logs \
>  /backup/'date +%F-%H'-mysql-all.sql
```

数据备份完成后，当需要对数据进行恢复时，用户需要依次通过备份文件和二进制日志来恢复完整的数据。关于如何通过二进制日志恢复数据，将在本书的第 11 章进行讲解。

10.4　本章小结

本章主要讲解了 MySQL 数据库中的备份策略，并通过具体的案例演示了如何使用 xtrabackup 工具对数据进行增量备份、全量备份；另外还讲解了逻辑备份工具 mysqldump 的使用方法。对于本章的知识点，建议读者通过实际的操作进行巩固。

10.5 习题

1. 填空题

（1）数据备份的方式有_____、_____。

（2）XtraBackup 是一款基于 MySQL 热备份的开源实用程序，可以实现 MySQL 数据库的_____。

（3）服务器在运行过程中可能会因为_____、_____、_____、_____丢失数据。

（4）数据的定期备份可以满足后期的_____、_____、_____等需求。

（5）相比物理备份，逻辑备份的效率比较_____。

2. 选择题

（1）下面的备份方式中，属于逻辑备份的是（ ）。

A. LVM 快照　　　　B. mysqldump　　　　C. xtrabackup　　　　D. tar 打包压缩

（2）使用 xtrabackup 进行数据备份时，需要进行（ ）操作。

A. prepare（准备）　　　　　　　B. decoding（解码）

C. read（读取）　　　　　　　　D. write（写入）

（3）xtrabackup 工具可以实现 MySQL 数据库的（ ）。

A. 热备份　　　　B. 冷备份　　　　C. 温备份　　　　D. 以上都不是

（4）数据执行全量备份后，会在（ ）目录下产生文件，里面记录了 LSN 和备份的方式。

A. backup-my.cnf　　　　　　　B. xtrabackup_binlog_info

C. xtrabackup_checkpoints　　　D. performance_schema

（5）备份后的数据建议存放在（ ）上。

A. 本地服务器　　B. 主服务器　　C. 从服务器　　D. 指定服务器

3. 简答题

（1）简述物理备份和逻辑备份的区别。

（2）使用 xtrabackup 对数据进行备份时应该注意哪些问题？

（3）企业中什么是合理的备份策略？

11 第 11 章　日志管理

本章学习目标

- 了解数据库中常见的日志种类
- 掌握二进制日志的操作方法
- 掌握错误日志的操作方法
- 熟悉慢查询等其他日志应用

在生活中人们可以通过日记来记录每天发生的事情，在工作中人们可以将每天的工作内容通过日志的形式表达出来。在计算机领域中，网络设备、系统服务程序在运行时都会产生名为 log（日志）的事件记录，每行日志记录着系统程序或者使用者在不同时间的操作描述。同样，日志文件也是 MySQL 的重要组成部分，这些日志不仅给数据库的管理工作提供了很大的帮助，而且可以直观地反映出数据库的运行情况。本章将对 MySQL 数据库中各种日志的作用和日志管理进行详细的介绍。

11.1　日志分类

MySQL 数据库中存在着不同的日志文件，主要包括错误日志、查询日志、二进制日志、慢查询日志，另外还有登录日志和更新日志等。本节将带领读者学习 MySQL 数据库中常见日志的应用和管理。

11.1.1　错误日志

错误日志记录着 MySQL 服务器在启动、停止以及运行过程中发生故障和异常的相关信息。数据库管理者可以通过该日志文件对 MySQL 运行中出现的问题进行排错分析。MySQL 5.7 中，系统错误日志功能在默认情况下是开启的，并且默认存储路径为/var/log/mysqld.log。管理者可以在 MySQL 配置文件（/etc/my.cnf）的[mysqld]项中对错误日志的存储路径进行修改，如下所示。

```
[mysqld]
log-error=/var/log/mysqld.log
```

为了方便管理，一般情况下管理者会将错误日志的文件名以 hostname.log 的格式进行修改。例如，主机名称为 mysql-1，则会将错误日志文件重新命名为 mysql-1.log。另外，登录数据库服务器后，也可以使用 SHOW 命令查看错误日志的存储路径，如下所示。

```
mysql> show variables like 'log_error';
+---------------+---------------------+
| Variable_name | Value               |
+---------------+---------------------+
| log_error     | /var/log/mysqld.log |
+---------------+---------------------+
1 row in set (0.00 sec)
```

由于错误日志文件显示的信息较长，在查看错误日志时可以使用 tail 命令查看最近的错误日志信息，具体的 SQL 语句如下。

```
[root@mysql-1 ~]# tail /var/log/mysqld.log
2020-03-09T16:02:18.524057Z 0 [Note] Found ca.pem, server-cert.pem and server-key.
pem in data directory. Trying to enable SSL support using them.
2020-03-09T16:02:18.526656Z 0 [Warning] CA certificate ca.pem is self signed.
2020-03-09T16:02:18.535247Z 0 [Note] Server hostname (bind-address): '*'; port:
3306
2020-03-09T16:02:18.535359Z 0 [Note] IPv6 is available.
2020-03-09T16:02:18.535373Z 0 [Note]   - '::' resolves to '::';
2020-03-09T16:02:18.535395Z 0 [Note] Server socket created on IP: '::'.
2020-03-09T16:02:18.540250Z 0 [Note] InnoDB: Buffer pool(s) load completed at
200310  0:02:18
2020-03-09T16:02:18.639716Z 0 [Note] Event Scheduler: Loaded 0 events
2020-03-09T16:02:18.645709Z 0 [Note] /usr/sbin/mysqld: ready for connections.
Version: '5.7.27'  socket: '/var/lib/mysql/mysql.sock'  port: 3306  MySQL Commun
ity Server (GPL)
```

从上面代码的执行结果可以看出，使用 tail 命令默认情况下查看出了最近的 10 条日志记录。

11.1.2　二进制日志

二进制日志是 MySQL 日志中非常重要的一种日志，该日志主要对 MySQL 中数据的每一个变化（事件）进行记录。需要注意，二进制日志并不记录数据库中所执行的 SELECT 操作。由于系统记录日志的开销比较大，过多的日志会影响系统的处理性能，所以 MySQL 默认情况下并没有开启二进制日志。另外，最好将日志单独放到一个专用磁盘上，尽量不要和数据放在同一块磁盘上。

1. 开启二进制日志

MySQL 中可以通过在配置文件的[mysqld]项中添加 log-bin 参数的方式来开启二进制日志，如下所示。

```
[mysqld]
log-bin
server-id=10
```

在上方的参数配置项中，server-id 参数表示的是服务器 ID 号，一般使用 IP 地址的最后两位数字。当使用多台服务器搭建主从复制集群时，为了防止多台服务器相互复制数据，系统以此参数来区分不同的服务器。log-bin 参数如果不指定二进制文件的存储路径，系统将默认将其存储在/var/lib/msyql 目录下。如果需要指定二进制日志的存储路径，可以将参数设置成 log-bin=path 的形式。例如，将二进制日志文件的存储目录设置为/var/log/mysql-bin/slave2，可以在配置文件中进行以下修改。

```
[mysqld]
log-bin=/var/log/mysql-bin/slave2
server-id=10
```

需要注意，指定的二进制文件目录必须存在。另外，由于 mysqld 进程由 mysql 用户和 mysql 组负责，还需要对 mysql 用户和 mysql 组设定该目录的访问权限，使系统可以正常调用，具体的操作如下。

```
[root@mysql-1 ~]# mkdir /var/lib/mysql-bin
[root@mysql-1 ~]# chown mysql.mysql /var/lib/mysql-bin/
```

二进制日志配置完成后，需要重新启动 MySQL 服务，才可以启动二进制日志的收集。

```
[root@mysql-1 ~]# systemctl restart mysqld
```

MySQL 服务重启后即可进入相关目录查看二进制日志文件，具体如下所示。

```
[root@mysql-1 ~]# cd /var/lib/mysql/
[root@mysql-1 mysql]# ls
mysql-1-bin.000001  mysql-1-bin.index
```

从上方代码的执行结果可以看出，数据库服务器重启后，在/var/lib/mysql/目录下出现了两个文件，其中 mysql-1-bin.000001 为二进制日志文件。mysql-1-bin.index 为二进制日志的索引文件，该文件记录着系统中存在多少个二进制日志。需要注意的是，二进制日志文价默认以“主机名-bin.日志编号”的格式来进行命名。

2. 查看二进制日志

二进制日志在 Shell 中是不能被解析出内容的，只有使用对应的工具 mysqlbinlog 才可以查看二进制日志，具体的操作如下。

```
[root@mysql-1 mysql]# cat mysql-1-bin.000001
�bin��f^
w{5.7.27-log��f^8
**4gH1K��f^#
���jb
```

从上方代码的执行结果可以看出，使用常规的 CAT 命令无法查看二进制日志。接下来使用 mysqlbinlog 工具进行查看，具体代码如下。

```
[root@mysql-1 mysql]# mysqlbinlog -v mysql-1-bin.000001
/*!50530 SET @@SESSION.PSEUDO_SLAVE_MODE=1*/;
/*!50003 SET @OLD_COMPLETION_TYPE=@@COMPLETION_TYPE,COMPLETION_TYPE=0*/;
DELIMITER /*!*/;
# at 4
#200310  1:49:36 server id 10  end_log_pos 123 CRC32 0x4b314867       Start: binlog
v 4, server v 5.7.27-log created 200310  1:49:36 at startup
# Warning: this binlog is either in use or was not closed properly.
ROLLBACK/*!*/;
BINLOG '
sIFmXg8KAAAAdwAAAHsAAAABAAQANS43LjI3LWxvZwAAAAAAAAAAAAAAAAAAAAAAAAAAAAAAAAAA
AAAAAAAAAAAAAAAAACwgWZeEzgNAAgAEgAEBAQEEgAAXwAEGggAAAAICAgCAAAACgoKKioAEjQA
AWdIMUs=
```

```
'/*!*/;
# at 123
#200310  1:49:36 server id 10  end_log_pos 154 CRC32 0x626ae113    Previous-GTIDs
# [empty]
SET @@SESSION.GTID_NEXT= 'AUTOMATIC' /* added by mysqlbinlog */ /*!*/;
DELIMITER ;
# End of log file
/*!50003 SET COMPLETION_TYPE=@OLD_COMPLETION_TYPE*/;
/*!50530 SET @@SESSION.PSEUDO_SLAVE_MODE=0*/;
```

　　二进制日志文件中，at 参数为偏移量，用于记录数据的位置，从日志文件中还可以看出服务器的 ID 号等信息。接下来，登录数据库并执行一些操作，查看二进制日志文件是否发生变化。

　　登录 MySQL 数据库并执行 SELECT 操作，查看二进制日志文件是否变化，具体的操作流程如下所示。

```
[root@mysql-1 ~]# mysql -uroot -p
Enter password:
Welcome to the MySQL monitor.  Commands end with ; or \g.
Your MySQL connection id is 2
Server version: 5.7.27-log MySQL Community Server (GPL)

Copyright (c) 2000, 2019, Oracle and/or its affiliates. All rights reserved.

Oracle is a registered trademark of Oracle Corporation and/or its
affiliates. Other names may be trademarks of their respective
owners.

Type 'help;' or '\h' for help. Type '\c' to clear the current input statement.
mysql> select * from mytest.test;
+----+----------+--------+------+
| id | name     | gender | age  |
+----+----------+--------+------+
|  1 | zhangsan | 男     |   20 |
|  2 | yangge   | 男     |   20 |
|  3 | lisi     | 男     |   21 |
|  4 | wangwu   | 男     |   21 |
|  5 | xiaoqian | 女     |   19 |
+----+----------+--------+------+
5 rows in set (0.00 sec)
```

　　进行查询操作后，在 MySQL 中可以使用 "\!" 查看二进制日志文件，具体代码如下。

```
mysql> \! mysqlbinlog -v /var/lib/mysql/mysql-1-bin.000001
/*!50530 SET @@SESSION.PSEUDO_SLAVE_MODE=1*/;
/*!50003 SET @OLD_COMPLETION_TYPE=@@COMPLETION_TYPE,COMPLETION_TYPE=0*/;
DELIMITER /*!*/;
# at 4
#200310  2:25:57 server id 10  end_log_pos 123 CRC32 0xf458a10c    Start: binlog
v 4, server v 5.7.27-log created 200310  2:25:57 at startup
# Warning: this binlog is either in use or was not closed properly.
ROLLBACK/*!*/;
BINLOG '
NYpmXg8KAAAAdwAAAHsAAAABAAQANS43LjI3LWxvZwAAAAAAAAAAAAAAAAAAAAAAAAAAAAAAA
AAAAAAAAAAAAAAAAAAAA1imZeEzgNAAgAEgAEBAQEEgAAXwAEGggAAAAICAgCAAAACgoKKioAEjQA
```

```
AQyhWPQ=
'/*!*/;
# at 123
#200310  2:25:57 server id 10  end_log_pos 154 CRC32 0x54ef0138 Previous-GTIDs
# [empty]
SET @@SESSION.GTID_NEXT= 'AUTOMATIC' /* added by mysqlbinlog */ /*!*/;
DELIMITER ;
# End of log file
/*!50003 SET COMPLETION_TYPE=@OLD_COMPLETION_TYPE*/;
/*!50530 SET @@SESSION.PSEUDO_SLAVE_MODE=0*/;
```

从上方代码的执行结果可以看出，在对数据库进行 SELECT 操作后，二进制日志文件的偏移量并没有发生改变。接下来，尝试在 MySQL 数据库中插入一些数据。

```
mysql> create database qianfeng;
Query OK, 1 row affected (0.00 sec)
```

从上面的代码可以看出，在数据库中成功创建了一个名为 qianfeng 的数据库。随后，查看二进制文件是否发生变化，具体代码如下。

```
mysql> \! mysqlbinlog -v /var/lib/mysql/mysql-1-bin.000001
/*!50530 SET @@SESSION.PSEUDO_SLAVE_MODE=1*/;
/*!50003 SET @OLD_COMPLETION_TYPE=@@COMPLETION_TYPE,COMPLETION_TYPE=0*/;
DELIMITER /*!*/;
# at 4
#200310  2:25:57 server id 10  end_log_pos 123 CRC32 0xf458a10c     Start: binlog
v 4, server v 5.7.27-log created 200310  2:25:57 at startup
# Warning: this binlog is either in use or was not closed properly.
ROLLBACK/*!*/;
BINLOG '
NYpmXg8KAAAAdwAAAHsAAAABAAQANS43LjI3LWxvZwAAAAAAAAAAAAAAAAAAAAAAAAAAAAAA
AAAAAAAAAAAAAAAAAAAAlimZeEzgNAAgAEgAEBAQEEgAAXwAEGggAAAAICAgCAAAACgoKKioAEjQA
AQyhWPQ=
'/*!*/;
# at 123
#200310  2:25:57 server id 10  end_log_pos 154 CRC32 0x54ef0138     Previous-GTIDs
# [empty]
# at 219
#200310  2:58:37 server id 10  end_log_pos 325 CRC32 0x7e1a9869     Query
thread_id=2    exec_time=0     error_code=0
SET TIMESTAMP=1583780317/*!*/;
SET @@session.pseudo_thread_id=2/*!*/;
SET @@session.foreign_key_checks=1, @@session.sql_auto_is_null=0,
@@session.unique_checks=1, @@session.autocommit=1/*!*/;
SET @@session.sql_mode=1436549152/*!*/;
SET @@session.auto_increment_increment=1, @@session.auto_increment_offset=1/*!*/;
/*!\C utf8 *//*!*/;
SET @@session.character_set_client=33,@@session.collation_connection=33,
@@session. collation_server=8/*!*/;
SET @@session.lc_time_names=0/*!*/;
SET @@session.collation_database=DEFAULT/*!*/;
create database qianfeng
/*!*/;
SET @@SESSION.GTID_NEXT= 'AUTOMATIC' /* added by mysqlbinlog */ /*!*/;
DELIMITER ;
# End of log file
```

```
/*!50003 SET COMPLETION_TYPE=@OLD_COMPLETION_TYPE*/;
/*!50530 SET @@SESSION.PSEUDO_SLAVE_MODE=0*/;
```

从上方代码的执行结果可以看出，二进制日志文件的偏移量变为 219，从该偏移量可以看出先前执行的 CREATE DATABASE 操作。通过上面的实验也可以验证二进制日志文件只记录关于数据库的启动、停止和数据修改的相关操作。

需要注意，如果对 MySQL 数据库进行重启操作，系统会自动截断二进制日志文件并产生新的记录文件，如下所示。

```
[root@mysql-1 ~]# systemctl restart mysqld
[root@mysql-1 ~]# ls /var/lib/mysql/
mysql-1-bin.000001  mysql-1-bin.000002  mysql-1-bin.index
```

另外，用户可以在 MySQL 控制台中使用 flush logs 命令手动截断二进制日志文件。

```
mysql> flush logs;
Query OK, 0 rows affected (0.01 sec)
mysql> \! ls /var/lib/mysql/
mysql-1-bin.index  mysql-1-bin.000001  mysql-1-bin.000002  mysql-1-bin.000003
```

从上方代码的执行结果可以看出，二进制文件的存储目录中又多出了一个名为 mysql-1-bin.000003 的日志文件。需要注意，在 MySQL 控制台中，也可以通过使用 SHOW 命令查询关于数据库服务器使用二进制日志的一些信息。例如，使用 SHOW 命令查看所有的二进制日志文件，具体代码如下。

```
mysql> show binary logs;
+--------------------+-----------+
| Log_name           | File_size |
+--------------------+-----------+
| mysql-1-bin.000002 |       154 |
| mysql-1-bin.000003 |       263 |
+--------------------+-----------+
2 rows in set (0.00 sec)
```

查看正在使用的二进制日志文件，具体代码如下。

```
mysql> show master status;
+--------------------+----------+--------------+------------------+----------------
------+
| File               | Position | Binlog_Do_DB | Binlog_Ignore_DB | Executed_Gti
d_Set |
+--------------------+----------+--------------+------------------+----------------
------+
| mysql-1-bin.000010 |      154 |              |                  |
      |
+--------------------+----------+--------------+------------------+----------------
------+
1 row in set (0.00 sec)
```

查看二进制日志文件中的事件，具体代码如下。

```
mysql> show binlog events in 'mysql-1-bin.000010';
+--------------------+-----+----------------+-----------+-------------+---------
----------------------------+
| Log_name           | Pos | Event_type     | Server_id | End_log_pos | Info
                    |
```

```
+--------------------+-----+----------------+-----------+-------------+---------
--------------------------+
| mysql-1-bin.000010 |   4 | Format_desc    |       10 |         123 | Server
ver: 5.7.27-log, Binlog ver: 4 |
| mysql-1-bin.000010 | 123 | Previous_gtids |       10 |         154 |
|
+--------------------+-----+----------------+-----------+-------------+---------
--------------------------+
2 rows in set (0.00 sec)
```

二进制日志查询的其他操作读者可以自行实验。

3. 截取事件

在实际的应用中，一个二进制日志文件中会存储许多数据操作记录（事件）。为了方便用户检索数据，MySQL 支持用户根据自己的需求截取不同时间段的二进制日志文件。例如，截取从某个时间开始的事件，具体语句如下。

```
# mysqlbinlog mysql.000002 --start-datetime='2020-01-01 10:20:30'
```

截取到某个时间结束的事件，具体语句如下。

```
# mysqlbinlog mysql.000002 --stop-datetime='2020-01-01 16:20:30'
```

截取某个时间区间的事件，具体语句如下。

```
# mysqlbinlog mysql.000002 --start-datetime='2020-01-01 10:20:30'
--stop-datetime='2020-01-01 16:20:30'
```

事件的截取主要用于故障恢复，当在某个时间点因误操作而导致数据异常时，可以将数据恢复到这个时间点之前。但是，在同一个数据库服务器中也会存在误操作与正常操作发生在同一时间的情况，如果使用[start/stop]-datetime 这种方式进行数据回滚，可能会造成部分数据的丢失。为了避免这种情况的发生，MySQL 也提供了以 position 为参数的日志文件截取。例如，截取某个 position 开始的事件，具体语句如下。

```
# mysqlbinlog mysql.00002 --start-position=260
```

截取某个位置之前的事件，具体语句如下。

```
# mysqlbinlog mysql.00002 --stop-position=960
```

截取某个位置区间的事件，具体语句如下。

```
# mysqlbinlog mysql.00002 --start-position=260 --stop-position=960
```

总的来说，以 position 为衡量值，不仅可以提高截取事件的精度，而且可以避免数据恢复不完整的情况。

4. 删除事件

在实际操作中，如果用户想要删除二进制日志文件中的部分事件记录，例如，删除文件名为 mysql-1-bin.000002 的日志文件中的全部事件，可以使用如下命令进行操作。

```
mysql> purge binary logs to 'mysql-1-bin.000002';
Query OK, 0 rows affected (0.00 sec)
```

同样，用户也可以删除某个时间之前的事件，具体命令如下。

```
mysql> purge binary logs before '2020-01-01 22:46';
```

关于二进制日志文件，MySQL 控制台中还有一些操作需要谨慎执行。例如，reset master 命令会截断并删除所有的二进制日志文件，一旦执行了此命令，数据则无法恢复。具体演示如下。

```
mysql> reset master;
Query OK, 0 rows affected (0.01 sec)
mysql> \! ls /var/lib/mysql/
mysql-1-bin.000001  mysql-1-bin.index
```

从上面代码的执行结果可以看出，所有的二进制日志文件被删除。因此，需要谨慎使用 reset master 命令。

5. 暂停和恢复二进制日志

MySQL 中如果开启了二进制日志，系统将会一直进行记录。如果需要暂停二进制日志的记录，则可以在 MySQL 控制台中使用以下命令。

```
mysql> SET SQL_LOG_BIN=[0/1];
```

上方命令中，0 表示暂时关闭二进制日志，1 表示重新开启二进制日志。需要注意，该命令只在当前会话生效。

11.1.3　慢查询日志

慢查询日志用于记录执行时间超过指定时间的操作，用户可以通过该日志中的内容对相关的 SQL 语句进行优化，从而提高系统的效率。同样。在 MySQL 配置文件的[mysqld]项中加入相关配置项即可开启慢查询日志，具体命令如下。

```
[mysqld]
long_query_time
slow_query_log
slow_query_log_file
```

上方参数中 long_query_time 用于指定时间，单位是秒；slow_query_log 用于开启慢查询日志；slow_query_log_file 用于指定慢查询日志文件的名称与存储路径。例如，记录执行时间超过 2 秒的语句，并存储到/var/log/slow_log 文件中，需要修改的配置具体如下。

```
[mysqld]
long_query_time=2
slow_query_log=on
slow_query_log_file=/var/log/slow.log
```

需要注意，slow_query_log 参数的值可以为 1（1 表示开启状态），配置修改完成后需要重新启动 MySQL 服务。

在 MySQL 中可以使用基准测试函数对慢查询日志进行测试。基准测试是一种测试代码性能的方法，同时也可以用来识别某段代码是否会引起 CPU 或内存的效率问题。在实际的应用中，许多开发人员会使用基准测试来测试不同的并发模式，或者使用基准测试来辅助配置工作池的数量，以实现系统吞吐量的最大化。常见的基准测试函数是 BENCHMARK()，其基本的语法格式如下。

```
BENCHMARK(count,expr)
```

上方命令中，expr 表示公式，count 表示数量。BENCHMARK()函数可以实现将一个 expr 执行 count 次。下面将通过 BENCHMARK()函数演示和说明慢查询日志的工作原理。

首先，还是以收集执行时间超过 2 秒的操作为例。在 MySQL 配置文件中开启慢日志查询并指定日志存储路径后，需要在指定的路径创建该文件并进行授权，具体的操作如下。

```
[root@mysql-1 ~]# touch /var/log/slow.log
[root@mysql-1 ~]# chown mysql.mysql /var/log/slow.log
[root@mysql-1 log]# tail /var/log/slow.log
/usr/sbin/mysqld, Version: 5.7.27-log (MySQL Community Server (GPL)). started with:
Tcp port: 0  Unix socket: /var/lib/mysql/mysql.sock
Time                 Id Command    Argument
```

从上方代码的执行结果可以看出，使用 tail 命令查看 slow.log 文件并没有显示任何信息。然后，登录到 MySQL 服务器并使用 BENCHMARK()函数进行测试，操作如下。

```
mysql> select benchmark(500000000,2*3);
<<<此处需要等待系统查询结果
+--------------------------+
| benchmark(500000000,2*3) |
+--------------------------+
|                        0 |
+--------------------------+
1 row in set (5.73 sec)
```

上方命令表示，在 MySQL 中将 2*3 计算 500000000 次。当操作者按下回车键时，系统会进行计算，由于计算的次数较多，所以一段时间后才显示出计算结果（等待时间大于 2 秒）。

最后，查看慢查询日志文件中是否有对这次超时事件的记录，如下所示。

```
mysql> \! tail /var/log/slow.log
# Time: 2020-03-10T22:43:53.715883Z
# User@Host: root[root] @ localhost []  Id:    2
# Query_time: 5.829380  Lock_time: 0.000000 Rows_sent: 1  Rows_examined: 0
SET timestamp=1583880233;
select benchmark(500000000,2*3);
```

从上面代码的执行结果可以看出，请求时间为 5.829380 秒。这也说明系统对此次超时事件进行了记录。

11.1.4 中继日志

在 MySQL 主从复制集群中读取主服务器上的二进制日志，并将读取到的信息写入中继日志；然后在中继日志所在的服务器（即从服务器）上进行数据回放，即可使从服务器与主服务器的数据保持一致。更多关于中继日志的知识点，本书将在后续章节中进行介绍。

11.1.5 Redo 日志和 Undo 日志

学习 Redo 日志和 Undo 日志的工作原理前，首先需要了解事务的执行流程，具体如下。

（1）事务开启时，系统会为每个事务开启一个私有工作区。

（2）事务的读操作会将磁盘中的数据复制到工作区。

（3）事务的写操作会把写入的数据输出到内存的缓冲区，等到有合适的事件再由缓存区管理器将数据写入磁盘。

事务的执行流程如图 11.1 所示。

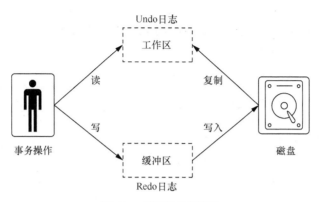

图 11.1　事务的执行流程

在进行写操作的时候，由于 MySQL 中存在数据的立即修改和延迟修改的情况，所以事务在执行过程中 ACID 特性可能会被破坏。

（1）原子性的破坏：在事务提交前出现故障，但是事务对数据库的部分修改已经写入磁盘数据库。

（2）持久性的破坏：在系统崩溃前已经提交，但是数据还在内存缓冲区中，并没有写入磁盘，系统恢复时将丢失此次已经提交的数据。

Undo 日志主要是为了实现事务的原子性，在 MySQL 数据库的 InnoDB 存储引擎中，Undo 日志用来实现多版本并发控制。在进行任何数据操作之前，系统首先会将数据备份到 Undo 日志；如果操作出现了错误或者用户执行了 ROLLBACK 命令，则系统可以利用 Undo 日志将数据恢复到事务开始之前的状态。需要注意，Undo 日志为逻辑日志，可以简单地理解为当事务执行一条 DELETE 操作时，Undo 日志会记录一条对应的 INSERT 操作；当执行一条 INSERT 操作时，Undo 日志会记录一条DELETE 操作。

Redo 日志主要是为了实现事务的持久性，其中记录的是新的（写操作）数据。在事务提交前，只需要将 Redo 日志持久化，并不需要将数据持久化。当系统崩溃时，系统可以根据 Redo 日志中的内容将数据恢复到最近的状态。总的来说，InnoDB 存储引擎通过 Redo 日志和 Undo 日志中记录的信息保证了数据在任何情况下的安全性。

11.1.6　查询日志

查询日志主要记录用户的查询操作，在并发操作较多的应用场景中，该日志会产生大量的信息，并占用过多的磁盘 I/O，可能会影响 MySQL 的性能。所以，在并发操作多的环境下不建议开启查询日志。

11.2　日志应用

日志直接地反映了数据库的运行状况，通过二进制日志可以实现数据的恢复。本节将通过具体的案例来带领读者学习日志的相关应用。

在实际生产环境中，数据库可能会因为使用者的误操作而丢失数据，对企业而言，这将是非常巨大的损失。数据丢失后可以通过系统日志恢复部分数据，以降低损失。接下来将通过具体的案例演示如何对丢失的数据进行恢复。

在 robin 数据库中创建表 t1，并向其中插入不同的数据，如下所示。

```
mysql> create database robin;
mysql> use robin
mysql> create table t1(id int);
mysql> insert into t1 values(1),(2);
mysql> flush logs;
mysql> insert into t1 values(3),(4);
mysql> flush logs;
mysql> insert into t1 values(5),(6);
mysql> select * from t1;
+------+
| id   |
+------+
|    1 |
|    2 |
|    3 |
|    4 |
|    5 |
|    6 |
+------+
6 rows in set (0.00 sec)
```

接下来通过删除数据库文件的方式来模仿数据库被误删除的场景，具体操作如下所示。

```
[root@mysql-1 ~# cat /etc/my.cnf |grep datadir
datadir=/var/lib/mysql
```

从上方代码可以看出，数据库文件的存储目录为/var/lib/mysql。接下来，删除数据库目录中的 robin文件。

```
[root@mysql-1 data]# rm -rf /var/lib/mysql/robin
```

文件删除后，重新登录到数据库，查看 robin 数据库是否存在。

```
mysql> show databases;
+--------------------+
| Database           |
+--------------------+
| information_schema |
| mysql              |
| performance_schema |
| sys                |
+--------------------+
4 rows in set (0.00 sec)
```

从上面代码的执行结果可以看出，数据库 robin 不存在。下面将使用二进制日志对丢失的数据进行恢复，具体代码如下。

```
[root@mysql-1 ~]# cat /etc/my.cnf |grep log-bin
log-bin=/var/log/mysql-bin/mysql
[root@mysql-1 ~]# ls /var/log/mysql-bin/
mysql.000001  mysql.000002  mysql.000003  mysql.index
[root@mysql-1 ~]# mysqlbinlog /var/log/mysql-bin/mysql.000001 |mysql -uroot -p123
mysql: [Warning] Using a password on the command line interface can be insecure.
ERROR 1050 (42S01) at line 38: Table 't1' already exists
```

上方代码通过 mysql.000001 日志文件对数据进行了恢复,而且从代码的执行结果可以看出 t1 表已经存在。接下来登录到数据库,查看数据的恢复情况。

```
mysql> show databases;
+--------------------+
| Database           |
+--------------------+
| information_schema |
| mysql              |
| performance_schema |
| robin              |
| sys                |
+--------------------+
5 rows in set (0.00 sec)
mysql> use robin;
Database changed
mysql> show tables;
Empty set (0.00 sec)
```

从上方代码的执行结果可以看出,robin 数据库已经存在,但是其中的数据并没有被恢复。尝试删除 robin 数据库,并重新对数据进行恢复,具体操作如下所示。

```
mysql> flush logs;
mysql> drop database robin;
[root@mysql-1 ~]# mysqlbinlog /var/log/mysql-bin/mysql.000001 |mysql -uroot -p123
mysql: [Warning] Using a password on the command line interface can be insecure.
```

可以看出代码执行成功,此时登录到数据库中查看 robin 库中的数据是否存在。

```
mysql> select * from robin.t1;
+------+
| id   |
+------+
|    1 |
|    2 |
+------+
2 rows in set (0.00 sec)
```

从上方代码的执行结果可以看出,数据只有两条。下面将通过 mysql.000002 日志文件和 mysql.000003 日志文件恢复全部数据,具体代码如下。

```
[root@mysql-1 ~]# mysqlbinlog /var/log/mysql-bin/mysql.000002 |mysql -uroot -p123
mysql: [Warning] Using a password on the command line interface can be insecure.

[root@mysql-1 ~]# mysqlbinlog /var/log/mysql-bin/mysql.000003 |mysql -uroot -p123
mysql: [Warning] Using a password on the command line interface can be insecure.
```

此时，再次登录到数据库，查看 robin 数据库中的数据是否被恢复。

```
mysql> select * from robin.t1;
+------+
| id   |
+------+
|    1 |
|    2 |
|    3 |
|    4 |
|    5 |
|    6 |
+------+
6 rows in set (0.00 sec)
```

从上方代码的执行结果可以看出，robin 数据库中的数据被全部恢复。

11.3　本章小结

本章主要讲解了 MySQL 数据库中各种日志的主要用途和开启方法，另外也介绍了通过二进制日志对丢失数据的恢复操作。读者需要深入理解二进制日志的工作原理，并重点掌握数据恢复的操作流程。

11.4　习题

1. 填空题

（1）MySQL 中日志主要分为＿＿＿＿＿、＿＿＿＿＿、＿＿＿＿＿、＿＿＿＿＿、＿＿＿＿＿。

（2）数据库管理者可以通过＿＿＿＿＿日志文件对 MySQL 在运行中出现的问题进行排错分析。

（3）＿＿＿＿＿日志主要对 MySQL 中数据的每一个变化（事件）进行记录。

（4）＿＿＿＿＿日志可以帮助用户对 SQL 语句进行优化。

（5）在数据丢失时，管理者可以通过＿＿＿＿＿对数据进行恢复。

2. 选择题

（1）MySQL 中可以通过（　　　）记录数据库的运行状况。

A. 记事本　　　　　B. 日志　　　　　　C. 监控系统　　　　　D. 数据表

（2）可以用于数据恢复的日志是（　　　）。

A. 二进制日志　　　B. 错误日志　　　　C. 查询日志　　　　　D. 慢查询日志

（3）慢查询日志可以用于（　　　）。

A. 数据恢复　　　　B. 数据查询　　　　C. SQL 优化　　　　　D. 错误排查

（4）在并发量较大的应用场景中，不建议开启的日志是（　　　）。

A. 查询日志　　　　　　　　　　　　　　B. 中继日志

C. 二进制日志　　　　　　　　　　　　　D. Redo 日志和 Undo 日志

（5）中继日志主要是在 MySQL（　　　）集群中读取 Master 服务器上的二进制日志，并将读取到的信息写入日志。

  A. 分布式　　　　B. 二进制　　　　C. 读写分离　　　　D. 主从复制

3. 简答题

（1）如何结合先前备份的数据做数据恢复？

（2）在做数据恢复时应该考虑哪些问题和因素？

（3）数据库的日志如何进行备份？

12 第 12 章　主从复制

本章学习目标

- 了解 MySQL 主从复制的原理
- 掌握配置一主一从集群的基本流程
- 掌握向集群添加从服务器的方法
- 熟悉多主多从集群的配置参数和配置流程

数据库运行时，一些因素可能会导致服务运行不正常，用户访问数据受阻。对于互联网公司，尤其是购物网站而言，这种情况造成的损失是无法估量的。因此，对数据库进行"备份"也是必不可少的操作。当主要的数据库死机时，系统能够快速地切换到备用的数据库上。本章将详细介绍数据库集群中的主从复制原理和操作流程。

12.1　主从复制原理

主从复制又被称为 AB 复制，主要用于实现数据库集群中的数据同步。实现 MySQL 的 AB 复制时，数据库的版本应尽量保持一致。本节将为读者详细介绍主从复制的原理。

12.1.1　复制过程

在主从复制集群中，主数据库把数据更改的操作记录到二进制日志中，从数据库分别启动 I/O 线程和 SQL 线程，用于将主数据库中的数据复制到从数据库中。其中，I/O 线程主要将主数据库上的日志复制到自己的中继日志中，SQL 线程主要用于读取中继日志中的事件，并将其重放到从数据库之上。另外，系统会将 I/O 线程已经读取的二进制日志的位置信息存储在 master.info 文件中，将 SQL 线程已经读取的中继日志的位置信息存储在 relay-log.info 文件中。随着版本的更新，在 MySQL 5.6.2 之后，MySQL 允许将这些状态信息保存在 Table 中，不过在更新之前需要用户在配置文件中进行声明，具体的参数如下。

```
[mysqld]
master-info-repository = TABLE
relay-log-info-repository = TABLE
```

主从复制原理如图 12.1 所示。

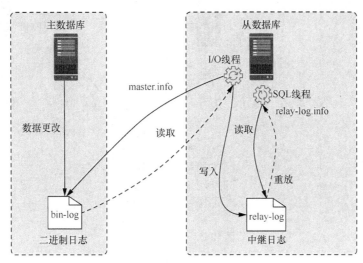

图 12.1　主从复制原理

MySQL 实现主从复制的前提是作为主服务器的数据库服务器必须开启二进制日志。主从复制集群的工作流程如下。

（1）主服务器上面的任何修改都会通过自己的 I/O 线程保存在二进制日志里。

（2）从服务器上面也会启动一个 I/O 线程，通过配置好的用户名和密码连接到主服务器上面请求读取二进制日志，然后把读取到的二进制日志写到本地的一个中继日志的末端，并将读取到的主服务器端的二进制日志的文件名和位置记录到 master-info 文件中，以便在下一次读取的时候能够清楚地告诉主服务器：我需要某个二进制日志的某个位置之后的日志内容，请发给我。

（3）从服务器的 SQL 线程检测到中继日志中新增加了内容后，会马上解析日志中的内容，并在自身执行。

需要注意，每个从服务器都会收到主服务器二进制日志中的全部内容的副本，除非另行指定，否则，从服务器将执行来自主服务器二进制日志文件的所有的操作语句。另外，从服务器每次进行同步时，都会记录二进制日志坐标（坐标包含文件名和从主服务器上读取的位置，即 master-info），以便下次连接使用。由于每个从服务器分别记录了当前二进制日志的位置，因此可以断开从服务器的连接，重新连接，然后恢复处理。

12.1.2　基本架构

在 MySQL 的主从复制集群中，主数据库既要负责写操作又要负责为从数据库提供二进制日志，这无疑增加了主数据库的压力。此时可以将二进制日志只给某一个从服务器使用，并在该从服务器上开启二进制日志，将该从服务器二进制日志分发给其他的从服务器；或者，这个从服务器不进行数据的复制，只负责将二进制日志转发给其他的从服务器。这样，不仅可以减少主服务的压力，还可以提高整体架构的性能。一主多从原理如图 12.2 所示，一主多从架构如图 12.3 所示。

对于数据操作较多的服务，企业也可以根据自身的实际需求设置多主多从架构，以此来满足更高的读写请求。多主多从架构如图 12.4 所示。

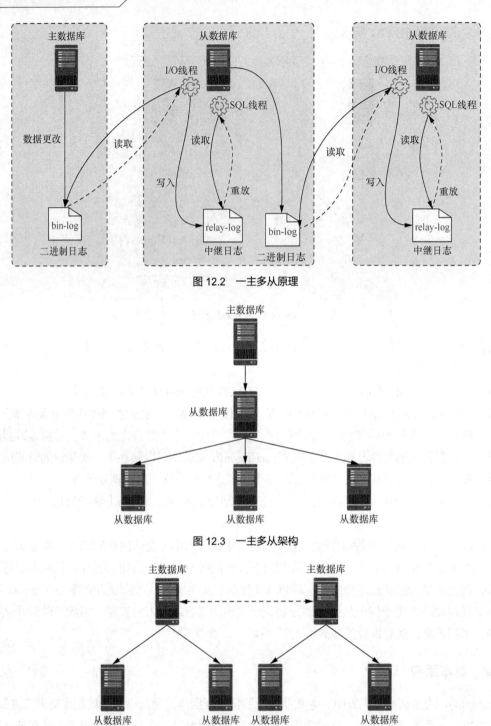

图 12.2 一主多从原理

图 12.3 一主多从架构

图 12.4 多主多从架构

在搭建数据库主从复制集群时，可以通过在[mysqld]配置项中添加 max_binlog_size 参数来设置二进制文件的大小，当日志到达指定的大小时，系统会自动创建新的日志文件。为了跟踪已使用的二进制日志文件，mysqld 服务还会创建一个二进制日志索引文件（扩展名为.index），包含所有使用过的二进制日志文件的名称。默认情况下，该索引文件具有与二进制日志文件相同的基本名称，在

mysqld 服务运行时，不建议编辑该文件。

　　MySQL 5.7 开始支持多源复制架构，即多个主服务器连接同一个从服务器（多主一从）。多源复制架构如图 12.5 所示。

　　多源复制中加入了一个叫作 Channel 的概念，每一个 Channel 都是一个独立的 Slave，都有一个 IO 线程和一个 SQL 线程，基本原理和普通的复制一样。在对 Slave 执行 CHANGE MASTER 语句时，只需要在每个语句最后使用 for channel 关键字来进行区分即可。需要注意，在使用这种架构时，需要在从数据库的 my.cnf 配置文件中将 master-info-repository、relay-log-info-repository 参数设置为 TABLE，否则系统会报错。

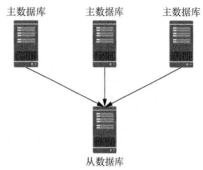

图 12.5　多源复制架构

　　相比于传统的一主一从、多主多从，在多源复制架构中，管理者可以直接在从数据库中进行数据备份，不会影响线上业务的正常运行。多源复制架构将多台数据库连接在一起，可以实现合并表碎片，管理者不需要为每个数据库都制作一个实例，减少了维护成本，使用这种方式在后期进行数据统计时也会非常高效。

12.1.3　3 复制模式

　　MySQL 主从复制的方式可以分为异步复制、同步复制和半同步复制，3 种方式详细说明如下。

1. 异步复制

　　异步复制为 MySQL 默认的复制方式，主数据库执行完客户端提交的事务后会立即将结果返给客户端，并不关心从数据库是否已经接收并进行了处理。从日志的角度讲，在主数据库将事务写入二进制日志文件后，主数据库只会通知 dump 线程发送这些新的二进制日志文件，然后主数据库就会继续处理提交操作，并不考虑这些二进制日志已经传到每个从数据库节点上。

　　在使用异步复制模式时，如果主数据库崩溃，可能会出现主数据库上已经提交的事务并没有传到从数据库上的情况，如果此时将从数据库提升为主数据库，很有可能导致新主数据库上的数据不完整。

2. 同步复制

　　同步复制是指主数据库向从数据库发送一个事务，并且所有的从数据库都执行了该事务后才会将结果提交给客户端。因为需要等待所有的从数据库执行完该事务，所以在使用同步复制时，主数据库完成一个事务的时间会被拉长，系统性能受到严重影响。

3. 半同步复制

　　半同步复制介于同步复制与异步复制之间，主数据库只需要等待至少一个从数据库节点收到并且更新二进制日志到中继日志文件即可，不需要等待所有从数据库给主数据库反馈。如此一来，不仅节省了很多时间，而且提高了数据的安全性。另外，由于整个过程产生通信，所以建议在低延时的网络中使用半同步复制。

12.2　一主一从复制

　　前面介绍了 MySQL 主从复制的原理，本节将通过具体的案例来为读者演示 MySQL 主从复制架构的配置流程和需要注意的问题。

在搭建 MySQL 主从复制集群时，应该尽量保证主服务器和从服务器的服务版本一致。同时，应该关闭 IPTables 和 SELinux。另外还需要保证主从服务器的时间一致。本节中搭建主从复制一主一从集群的配置项参数如表 12.1 所示。

表 12.1 一主一从集群配置参数

配置项	主服务器	从服务器
Server ID	10	11
IP 地址	192.168.10.10	192.168.10.11
主机名称	Master1	Slave1
版本号	MySQL 5.7	MySQL 5.7
系统版本	CentOS 7	CentOS 7

需要注意，应为两台 MySQL 服务器配置主机名解析。另外，Server ID 的取值范围为 1 ~ 65535，而且每台主机的 Server ID 不能相同，本例中以服务器 IP 地址的最后两位作为 Server ID 使用。

12.2.1 基于位点的主从复制

配置主从复制集群时，需要保证从服务器相对"干净"，不能存在一些无关的数据，建议用刚刚初始化完成的服务器作为从服务器。部署一主一从复制集群的基本流程如下。

1. 配置主服务器

在配置主从复制集群时，需要在主服务器上开启二进制日志并配置唯一的 Server ID，配置完成后重新启动 mysqld 服务。编辑主服务器的配置文件 my.cnf，添加如下内容。

```
[mysqld]
log-bin=/var/log/mysql/mysql-bin
server-id=10
```

创建相关的日志目录并赋予权限，具体的指令如下所示。

```
[root@mysql-1 ~]# mkdir /var/log/mysql
[root@mysql-1 ~]# chown mysql.mysql /var/log/mysql
```

目录创建完成后，重新启动 mysqld 服务。

```
[root@mysql-1 ~]# systemctl restart mysqld
```

需要注意，在配置文件中如果省略 Server ID（或者将其设置为默认值 0），则主服务器将拒绝来自从服务器的任何连接。为了在使用带事务的 InnoDB 存储引擎进行复制设置时尽可能提高持久性和一致性，需要在主服务器的 my.cnf 配置文件中加入以下配置项。

```
innodb_flush_log_at_trx_commit = 1
sync_binlog = 1
```

上方参数 innodb_flush_log_at_trx_commit = 1 表示当事务提交时，系统会将日志缓冲写入磁盘，并且立即刷新。参数 sync_binlog = 1 表示当事务提交时，系统会将二进制文件写入磁盘并立即执行刷新操作。另外，为了从服务器可以连接主服务器，还需要将 skip_networking 选项设置为 OFF 状态（默认为 OFF 状态），如果该选项为启用状态，则从服务器无法与主服务器通信，并且会造成复制失败。在 MySQL 中查看 skip_networking 选项状态的指令如下。

```
mysql> show variables like '%skip_networking%';
+-----------------+-------+
| Variable_name   | Value |
+-----------------+-------+
| skip_networking | OFF   |
+-----------------+-------+
1 row in set (0.00 sec)
```

从代码的执行结果可以看出，skip_networking 选项为关闭状态。

2. 创建指定用户

在进行主从复制时，为了提高数据库集群的安全性，建议创建一个专门用于复制数据的用户，每个从服务器需要使用 MySQL 主服务器上的用户名和密码连接到主服务器。例如，在主服务器上创建用户 repl，并允许该用户从任何从服务器连接到主服务器上进行复制操作，具体的操作代码如下。

```
mysql> create user 'repl'@'%';
mysql> grant replication slave on *.* to  'repl'@'%' identified by
 '123';
```

用户和权限设置完成后，可以尝试在从服务器上使用刚才创建的用户进行测试连接，具体操作如下。

```
[root@slave1 ~]# mysql -urepl -p'123' -hmaster1
mysql: [Warning] Using a password on the command line interface can be insecure.
Welcome to the MySQL monitor.  Commands end with ; or \g.
Your MySQL connection id is 14
Server version: 5.7.29-log MySQL Community Server (GPL)

Copyright (c) 2000, 2020, Oracle and/or its affiliates. All rights reserved.

Oracle is a registered trademark of Oracle Corporation and/or its
affiliates. Other names may be trademarks of their respective
owners.

Type 'help;' or '\h' for help. Type '\c' to clear the current input statement.

mysql>
```

可以看出，用户 repl 可以通过从服务器登录主服务器。

3. 复制数据

在搭建主从复制集群时，主服务器上可能已经存在数据，为了模拟真实的生产环境，在主服务器上插入测试数据，具体操作如下。

```
mysql> create database test;
Query OK, 1 row affected (0.01 sec)
mysql> create table test.tt (id int ,name varchar(50));
Query OK, 0 rows affected (0.02 sec)
mysql> insert into test.tt values(1,"zhang"),(2,"wang"),(3,"li");
Query OK, 3 rows affected (0.01 sec)
Records: 3  Duplicates: 0  Warnings: 0
mysql> select * from test.tt;
+------+-------+
```

```
| id    | name  |
+------+-------+
|    1 | zhang |
|    2 | wang  |
|    3 | li    |
+------+-------+
3 rows in set (0.00 sec)
```

从上方代码的执行结果可以看出，在主服务器中插入数据成功。在启动复制之前，需要使主服务器中现有的数据与从服务器保持同步，且在进行相关操作时保证客户端正常运行，以便锁定保持不变。将主服务器中现有的数据导出，并将导出的数据复制到每个从服务器上。本例将使用 mysqldump 工具对数据进行备份，具体的操作代码如下。

```
[root@master1 ~]# mysqldump -uroot -p123 --all-databases --master-data=1 > dbdump.db
```

上方代码中，master-data 参数表示自动锁定表；如果不使用 master-data 参数，则需要手动锁定单独会话中的所有表。查看备份中数据记录的二进制日志的位置，以便在从服务器配置中使用，具体操作如下。

```
[root@master1 ~]# vim dbdump.db
 1 -- MySQL dump 10.13  Distrib 5.7.29, for Linux (x86_64)
 2 --
 3 -- Host: localhost    Database:
 4 -- -------------------------------------------------------
 5 -- Server version        5.7.29-log
 6
 7 /*!40101 SET @OLD_CHARACTER_SET_CLIENT=@@CHARACTER_SET_CLIENT */;
 8 /*!40101 SET @OLD_CHARACTER_SET_RESULTS=@@CHARACTER_SET_RESULTS */;
 9 /*!40101 SET @OLD_COLLATION_CONNECTION=@@COLLATION_CONNECTION */;
10 /*!40101 SET NAMES utf8 */;
11 /*!40103 SET @OLD_TIME_ZONE=@@TIME_ZONE */;
12 /*!40103 SET TIME_ZONE='+00:00' */;
13 /*!40014 SET @OLD_UNIQUE_CHECKS=@@UNIQUE_CHECKS, UNIQUE_CHECKS=0 */;
14 /*!40014 SET @OLD_FOREIGN_KEY_CHECKS=@@FOREIGN_KEY_CHECKS, FOREIGN_KEY_CHECKS=0 */;
15 /*!40101 SET @OLD_SQL_MODE=@@SQL_MODE, SQL_MODE='NO_AUTO_VALUE_ON_ZERO' */;
16 /*!40111 SET @OLD_SQL_NOTES=@@SQL_NOTES, SQL_NOTES=0 */;
17
18 --
19 -- Position to start replication or point-in-time recovery from
20 --
21
22 CHANGE MASTER TO MASTER_LOG_FILE='mysql-bin.000002',MASTER_LOG_POS=154;
//省略部分内容//
```

在配置文件的第 22 行中可以看出，日志文件的分割点为 mysql-bin.000002 文件中的 154 位置。接下来，使用 scp 工具或 rsync 工具将备份出来的数据传输到从服务器上。在主服务器上执行以下命令。

```
[root@master1 ~]# scp  dbdump.db root@slave1:/root/
```

上方代码中，slave1 需要能被主服务器解析出 IP 地址（即上文提到的服务器之间需要做主机名解析）。

4. 配置从服务器

数据复制完成后，需要在从服务器的 my.cnf 配置文件中添加 Server ID，具体语句如下。

```
[mysqld]
server-id=11
```

需要注意，配置修改完成后需要重新启动 mysqld 服务。接下来，登录到从服务器的数据库中将备份的数据导入，执行代码如下。

```
mysql> source /root/dbdump.db
```

在从服务器上配置连接到主服务器的相关信息，具体代码如下。

```
mysql> CHANGE MASTER TO
    -> master_host='master1',
    -> master_user='repl',
    -> master_password='123',
    -> master_log_file=' mysql-bin.000002',
    -> master_log_pos=154;
Query OK, 0 rows affected, 2 warnings (0.01 sec)
```

上方代码中，master_host 表示需要连接的主服务器名称，master_user 表示连接到主服务器的用户，master_password 表示连接用户的密码。配置完成后，在从服务器上开始复制线程，启动指令如下。

```
mysql> start slave;
Query OK, 0 rows affected (0.09 sec)
```

在从服务器上执行如下操作可以验证线程是否工作正常。

```
mysql> show slave status\G;
*************************** 1. row ***************************
               Slave_IO_State: Waiting for master to send event
                  Master_Host: master1
                  Master_User: repl
                  Master_Port: 3306
                Connect_Retry: 60
              Master_Log_File: mysql-bin.000006
          Read_Master_Log_Pos: 154
               Relay_Log_File: slave1-relay-bin.000002
                Relay_Log_Pos: 367
        Relay_Master_Log_File: mysql-bin.000006
             Slave_IO_Running: Yes
            Slave_SQL_Running: Yes
              Replicate_Do_DB:
          Replicate_Ignore_DB:
           Replicate_Do_Table:
       Replicate_Ignore_Table:
      Replicate_Wild_Do_Table:
  Replicate_Wild_Ignore_Table:
                   Last_Errno: 0
                   Last_Error:
                 Skip_Counter: 0
          Exec_Master_Log_Pos: 154
              Relay_Log_Space: 575
              Until_Condition: None
```

```
                    Until_Log_File:
                     Until_Log_Pos: 0
                 Master_SSL_Allowed: No
                 Master_SSL_CA_File:
                 Master_SSL_CA_Path:
                    Master_SSL_Cert:
                  Master_SSL_Cipher:
                     Master_SSL_Key:
              Seconds_Behind_Master: 0
Master_SSL_Verify_Server_Cert: No
                     Last_IO_Errno: 0
                     Last_IO_Error:
                    Last_SQL_Errno: 0
                    Last_SQL_Error:
      Replicate_Ignore_Server_Ids:
                  Master_Server_Id: 1
                       Master_UUID: 26fb87ff-77d7-11ea-b43b-000c29f2444c
                  Master_Info_File: /var/lib/mysql/master.info
                         SQL_Delay: 0
               SQL_Remaining_Delay: NULL
          Slave_SQL_Running_State: Slave has read all relay log; waiting for more
updates
                Master_Retry_Count: 86400
                       Master_Bind:
       Last_IO_Error_Timestamp:
      Last_SQL_Error_Timestamp:
                    Master_SSL_Crl:
                Master_SSL_Crlpath:
                Retrieved_Gtid_Set:
                 Executed_Gtid_Set:
                     Auto_Position: 1
             Replicate_Rewrite_DB:
                      Channel_Name:
                Master_TLS_Version:
1 row in set (0.00 sec)
```

从上方代码的执行结果可以看出，I/O 线程和 SQL 线程的状态都为 YES，证明主从复制线程启动成功。

5. 复制状态验证

主从复制线程启动后，主服务器上关于修改数据的操作都会在从服务器中回演，这样就保证了主从服务器数据的一致性。下面将进行相应的验证。

尝试在主服务器中插入一些数据，并在从服务器上查看插入的数据是否存在，具体操作如下。

```
[root@master1 ~]# mysql -uroot -p123 -e"insert into test.tt values(4,'zhao');"
[root@master1 ~]# mysql -uroot -p123 -e"select * from test.tt;"
mysql: [Warning] Using a password on the command line interface can be insecure.
+------+-------+
| id   | name  |
+------+-------+
|    1 | zhang |
|    2 | wang  |
|    3 | li    |
|    4 | zhao  |
+------+-------+
```

从上方代码的执行结果可以看出，在主服务器上成功地插入了一条数据。接下来在从服务器上查看该数据是否存在，具体代码如下。

```
[root@slave1 ~]# mysql -uroot -p123 -e"select * from test.tt;"
mysql: [Warning] Using a password on the command line interface can be insecure.
+------+-------+
| id   | name  |
+------+-------+
|    1 | zhang |
|    2 | wang  |
|    3 | li    |
|    4 | zhao  |
+------+-------+
```

可以看出，从服务器的 tt 表中也存在 id 为 4 的数据，这说明从服务器与主服务器中的数据同步成功。

6. 故障排除

当 SQL 线程或 I/O 线程启动异常时，可以先使用 show master status\G 命令检查当前二进制日志的位置与配置从服务器时设置的二进制日志位置是否相同。另外，也可以通过 my.cnf 配置中指定的错误日志查看错误信息。

```
[root@slave1 ~]# tail -10 /var/log/mysqld.log
```

7. 加入新的从服务器

当数据量不断增加时，如果需要在集群中加入其他的从服务器，则配置流程与前面从服务器的配置一样，唯一不同的是需要修改新加入从服务器的 Server ID。另外，需要注意，假如在新加入从服务器之前，主服务器执行了删除库的操作，并且删除的库刚好是第一次 mysqldump 备份时的数据，那么，在从服务器上将会显示"没有这个数据库"的错误信息，因此，建议使用最新的备份数据。

12.2.2 基于 GTID 的主从复制

GTID 为全局事务标识符，用于记录不同的事务。GTID 主要由两部分组成：一部分是服务的 UUID，保存在 MySQL 数据目录的 auto.cnf 文件中；而另一部分就是事务的 ID，会随着事务的增加而递增。GTID 模式下使用新的复制协议 COM_BINLOG_DUMP_GTID 进行复制，在配置主从复制集群时，可以配置系统使用 GTID 来自动识别二进制文件中不同事务的位置，这样可以避免再配置过程中产生不必要的错误。下面将通过具体的案例进行说明。

假设 master1 和 slave1 为刚刚初始化完成的 MySQL 服务器，现用这两台数据库服务器配置主从复制集群，具体的操作流程如下。

在主服务器的配置文件中开启二进制日志，并开启 GTID 选项，需要在 my.cnf 文件中加入以下内容。

```
[root@master1 ~]# vim /etc/my.cnf
log_bin
server-id=10
gtid_mode=ON
enforce_gtid_consistency=1
[root@master1 ~]# systemctl restart mysqld
```

同样，在从服务器的配置文件中也开启 GTID 选项，具体代码如下。

```
[root@slave1 ~]# vim /etc/my.cnf
server-id=11
gtid_mode=ON
enforce_gtid_consistency=1
[root@slave1 ~]# systemctl restart mysqld
```

上方配置参数中，gtid_mode 参数为统一标识符选项，enforce_gtid_consistency 参数表示强制开启一致性。需要注意的是，设置 gtid_mode 参数和 enforce_gtid_consistency 参数后，使用者将不需要记录主服务器备份文件中二进制日志的位置，从服务器会自动继续获取。

接下来，在主服务器上创建用于主从复制的用户，使用 mysqldump 工具对文件进行备份，并将备份好的文件复制给从服务器。配置完成后重新启动 mysqld 服务使配置生效。（此处省略操作代码，读者可以参考 12.2.1 节中的具体步骤。）

登录到从数据库，设置连接主服务器的配置项，并开启 I/O 线程和 SQL 线程，具体操作代码如下。

```
mysql> change master to
    -> master_host='master1',
    -> master_user='repl',
    -> master_password='123',
    -> master_auto_position=1;
Query OK, 0 rows affected, 2 warnings (0.01 sec)
```

需要注意，上方参数中 master_auto_position=1 表示系统自动获取二进制日志位置。配置完成后，开启从服务器复制线程。

```
mysql> start slave;
Query OK, 0 rows affected (0.09 sec)
```

使用 STATUS 命令查看 I/O 线程和 SQL 线程是否正常运行。

```
mysql> show slave status\G;
//省略部分内容
            Slave_IO_Running: Yes
           Slave_SQL_Running: Yes
//省略部分内容
```

如果两个线程都为 Yes 状态并且没有出现 Error 信息，则表明基于 GTID 的主从配置成功。读者也可以尝试在主服务器插入数据并在从服务器中查看主从复制的同步状态。

在基于 GTID 复制时，对所需的环境和操作也有一些限制条件，说明如下。

（1）因为 GTID 为全局事务标识符，所以基于 GTID 的复制不支持非事务引擎。

（2）不支持 create table table_name select * from table_name 语句。主要是因为在 GTID 模式下只能为一条语句生成一个 GTID，而该语句会生成两个 SQL 线程（一个是 DDL 创建表的 SQL 线程，另一个是 insert into 插入数据的 SQL 线程），由于 DDL 语句会导致自动提交，所以该语句至少需要两个 GTID，导致与规则冲突。

（3）不允许一个 SQL 线程同时更新事务引擎表和非事务引擎表。

（4）在一个主从复制组中，必须统一开启 GTID 或关闭 GTID。

（5）不支持 create temporary table 语句和 drop temporary table 语句。

（6）当从服务器需要跳过错误时，不支持 sql_slave_skip_counter 参数的语法。

（7）从传统复制模式转为 GTID 模式时较为麻烦（建议重新搭建环境）。

12.3 多主多从复制

在一主的情况下，主节点发生故障会影响全局的写入，设置双主或者多主集群可以避免单点故障的发生。下面将通过具体的案例演示双主双从复制集群的搭建过程，双主双从架构如图 12.6 所示。

以前面介绍过的一主一从架构为基础，只需要集群中再加入一个主服务器 master2 和一个从服务器 slave2 即可实现双主双从和多源复制架构。

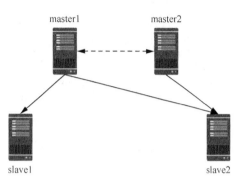

图 12.6 双主双从架构

12.3.1 双主双从搭建流程

首先，在 master2 的配置文件中设置 Server ID 并开启二进制日志和 GTID 选项。

```
[root@master2 ~]# vim /etc/my.cnf
log_bin
server-id=20
gtid_mode=ON
enforce_gtid_consistency=1
```

重启 mysqld 服务，并将 master1 备份的数据导入 master2，另外还需要在 master2 中设置相应的用户权限。

```
[root@master2 ~]# systemctl restart mysqld
[root@master2 ~]# mysql -uroot -p123 -e"source /root/dbdump.db;"
mysql> grant replication slave on *.* to 'repl'@'%' identified by '123';
```

数据导入成功后，为 master1 和 master2 设置互为主服务器的配置项。登录 master1 设置 master2 为主服务器，具体的配置项如下。

```
[root@master1 ~]# mysql -uroot -p123
mysql> change master to
    -> master_host='master2',
    -> master_user='repl',
    -> master_password='123',
    -> master_auto_position=1;
Query OK, 0 rows affected, 2 warnings (0.01 sec)
mysql> start slave;
Query OK, 0 rows affected (0.09 sec)
```

登录到 master2，设置 master1 为主服务器。

```
[root@master2 ~]# mysql -uroot -p123
mysql> change master to
    -> master_host='master1',
```

```
    -> master_user='repl',
    -> master_password='123',
    -> master_auto_position=1;
Query OK, 0 rows affected, 2 warnings (0.01 sec)
mysql> start slave;
Query OK, 0 rows affected (0.09 sec)
```

同样，在 slave2 中设置 Server ID 并开启 GTID 选项，配置完成后重启 mysqld 服务使配置生效。slave2 的配置文件内容如下。

```
[root@slave2 ~]# vim /etc/my.cnf
server-id=21
gtid_mode=ON
enforce_gtid_consistency=1
master-info-repository=TABLE
relay-log-info-repository=TABLE
```

因为需要为 slave2 设置多台主服务器，所以需要在 slave2 中设置 master-info-repository 参数和 relay-log-info-repository 参数。配置完成后，重启 mysqld 服务并登录 slave2 设置同源复制的相关配置，具体代码如下。

```
[root@slave2 ~]#systemctl restart mysqld
[root@slave2 ~]# mysql -uroot -p123
mysql> change master to
    -> master_host='master2',
    -> master_user='repl',
    -> master_password='123',
    -> master_auto_position=1 for channel 'master2';
Query OK, 0 rows affected, 2 warnings (0.01 sec)
mysql> change master to
    -> master_host='master1',
    -> master_user='repl',
    -> master_password='123',
    -> master_auto_position=1 for channel 'master1';
Query OK, 0 rows affected, 2 warnings (0.01 sec)
mysql> start slave;
Query OK, 0 rows affected (0.09 sec)
mysql> show slave status\G
//省略部分内容
            Slave_IO_Running: Yes
           Slave_SQL_Running: Yes
//省略部分内容
```

上方参数中的 for channel 为同源复制配置项，执行 start slave 命令后，如果从服务器的 I/O 线程和 SQL 线程都运行正常，则表明双主双从集群搭建成功。读者也可以在 master1 或 master2 中插入测试数据来验证是否达到预期效果。

12.3.2　关于 Keepalived

Keepalived 服务基于虚拟路由冗余协议（Virtual Redundant Routing Protocol，VRRP），VRRP 主要是为了解决局域网中配置静态网关出现单点失效的现象。在 MySQL 中使用 Keepalived 服务可以实现集群的高可用，避免单点故障，如图 12.7 所示。

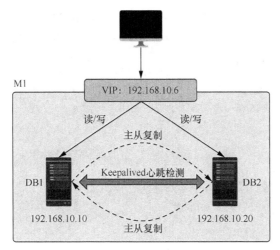

图 12.7　Keepalived 实现 MySQL 高可用

在图 12.7 中，服务器 DB1 和服务器 DB2 可为双主结构也可为主备结构，两者共同组成 VIP（虚拟 IP）为 192.168.10.6 的数据库集群 M1。当 DB1 和 DB2 上运行着 Keepalived 服务时，DB1 会定期向 DB2 发送节点广播信号（心跳检测），当 DB2 节点收不到 DB1 发送的 VRRP 数据包时，DB2 会认为 DB1 处于死机状态，这时 DB2 会根据 VRRP 的优先级选举一个备用服务器来充当主服务器，从而保障线上业务的正常运行。下面将通过具体的案例对部署 Keepalived 实现 MySQL 高可用时遇到的一些问题和参数进行说明。

本例中 DB1 为主服务器，DB2 为备用服务器。首先为 DB1 和 DB2 两台服务器安装 Keepalived 服务，在两台服务器上执行如下指令。

```
# yum -y install keepalived
```

Keepalived 安装完成后，在主服务器 DB1 的 keepalived.conf 配置项中进行相关的参数修改，具体代码如下。

```
[root@db1 ~]# vim /etc/keepalived/keepalived.conf
! Configuration File for keepalived
#全局配置
global_defs {
    router_id mysql                 //标识运行 Keepalived 的服务器
}
#VRRP 服务状态检查脚本配置项
vrrp_script check_run {                       //健康检查脚本的配置名称
    script "/root/keepalived_check_mysql.sh"  //检测脚本
    interval 5                                //检查的时间间隔，单位为 s
}
#实例配置
vrrp_instance VI_1 {
    state BACKUP              //指定 Keepalived 的角色，这里为 Master
    interface ens33          //网卡名称
    mcast_src_ip 192.168.0.10    //心跳源 IP 地址
    virtual_router_id 1      //虚拟路由标识（取值 0~255）
    priority 100             //优先级（取值 1~255，默认值为 100）
```

```
    advert_int 1                        //发送 VRRP 包的时间间隔
    nopreempt                           //不抢占（即允许一个优先级比较低的节点作为 Master，即使
有优先级更高的节点启动）
    authentication {                    //密匙认证，1 至 8 位密匙
        auth_type PASS                  //认证类型（分为 PASS 和 HA）
        auth_pass 123456                //认证密码
    }
    track_script {
        check_run                       //需和上面的脚本配置名称相同
    }
    virtual_ipaddress {                 //虚拟服务器配置项
        192.168.10.6/24 dev ens33              // VIP 和工作端口
    }
}
```

同样，也需要修改 DB2 的 Keepalived 配置文件，具体代码如下。

```
[root@db2 ~]# vim /etc/keepalived/keepalived.conf
global_defs {
    router_id mysql
    }
vrrp_script check_run {
    script "/root/keepalived_check_mysql.sh"
    interval 5
}
vrrp_instance VI_1 {
    state BACKUP
    interface ens33
    mcast_src_ip 192.168.10.20
    virtual_router_id 1
    priority 95
    advert_int 1
    authentication {
        auth_type PASS
        auth_pass 123456
    }
    track_script {
        check_run
    }
    virtual_ipaddress {
        192.168.10.6/24 dev ens33
    }
}
```

Keepalived 配置设置完成后，还需要为 DB1 和 DB2 添加相应的检测脚本，用于检测 MySQL 服务的状态，具体的脚本内容如下。

```
shell> vim keepalived_check_mysql.sh
#!/usr/bin/bash
/usr/bin/mysql -h 127.0.0.1 -uroot -p123 -e "show status" &>/dev/null
if [ $? -ne 0 ];then
    systemctl stop keepalived
fi
```

需要注意，为了避免产生不必要的错误，需要为检测脚本设置相应的权限。

```
chmod +x /root/keepalived_check_mysql.sh
```

接下来即可在 DB1 和 DB2 中启动 Keepalived 服务，并进行相应的验证。

```
[root@db1 ~]# systemctl start keepalived
```

在 DB1 中使用 ip a 命令查看网卡是否对 VIP 进行了绑定。

```
[root@db1 ~]# ip a
1: lo: <LOOPBACK,UP,LOWER_UP> mtu 65536 qdisc noqueue state UNKNOWN group default
qlen 1000
    link/loopback 00:00:00:00:00:00 brd 00:00:00:00:00:00
    inet 127.0.0.1/8 scope host lo
      valid_lft forever preferred_lft forever
    inet6 ::1/128 scope host
      valid_lft forever preferred_lft forever
2: ens33: <BROADCAST,MULTICAST,UP,LOWER_UP> mtu 1500 qdisc pfifo_fast state
UNKNOWN group default qlen 1000
    link/ether 00:0c:29:f2:44:4c brd ff:ff:ff:ff:ff:ff
    inet 192.168.10.10/24 brd 192.168.10.255 scope global noprefixroute ens33
      valid_lft forever preferred_lft forever
    inet 192.168.10.6/24 scope global ens33
      valid_lft forever preferred_lft forever
    inet6 fe80::20c:29ff:fef2:444c/64 scope link
      valid_lft forever preferred_lft forever
```

从上方代码的执行结果可以看出，DB1 的网卡对 VIP 进行了绑定。为了模拟主服务器死机的情况，尝试在 DB1 中关闭 MySQL 服务。

```
[root@db1 ~]# systemctl stop mysqld
```

在 DB2 中查看 VIP 是否进行了相应的切换。

```
[root@db2 ~]# ip a
1: lo: <LOOPBACK,UP,LOWER_UP> mtu 65536 qdisc noqueue state UNKNOWN group default
qlen 1000
    link/loopback 00:00:00:00:00:00 brd 00:00:00:00:00:00
    inet 127.0.0.1/8 scope host lo
      valid_lft forever preferred_lft forever
    inet6 ::1/128 scope host
      valid_lft forever preferred_lft forever
2: ens33: <BROADCAST,MULTICAST,UP,LOWER_UP> mtu 1500 qdisc pfifo_fast state
UNKNOWN group default qlen 1000
    link/ether 00:0c:29:f4:21:a3 brd ff:ff:ff:ff:ff:ff
    inet 192.168.10.20/24 brd 192.168.10.255 scope global noprefixroute ens33
      valid_lft forever preferred_lft forever
    inet 192.168.10.6/24 scope global secondary ens33
      valid_lft forever preferred_lft forever
    inet6 fe80::20c:29ff:fef4:21a3/64 scope link
      valid_lft forever preferred_lft forever
```

从执行结果可以看出，在 DB1 中的 mysqld 服务停止后，Keepalived 对服务器进行了相应的切换。另外，读者也可以使用其他数据库服务器访问 VIP（192.168.10.6）来查看 Keepalived 配置是否生效。

12.4　复制延迟与死机处理

在 MySQL 进行主从复制时通过 show slave status 命令返回结果中的 Seconds_Behind_Master 参数，可以查看 MySQL 主从复制的延迟信息。Seconds_Behind_Master 参数表示主从延迟的时间，其值越小表示延迟越低。出现延迟的原因主要有以下几种。

（1）从数据库过多。

（2）从数据库的硬件配置比主数据库差。

（3）慢 SQL 语句过多。

（4）主从复制架构的设计问题。

（5）主从之间的网络延迟。

（6）主数据库读写压力大。

针对这些问题，系统管理者可以采取以下优化措施。

（1）将从数据库数量设置为 3 ~ 5 个。

（2）提升硬件性能。

（3）优化 SQL 语句，建立索引或者采用分库分表策略。

（4）优化主从复制单线程，通过多 I/O 方案解决。

（5）采用较短的网络链路，提升端口的带宽。

（6）在数据前端加缓存。

12.5　本章小结

本章主要介绍了 MySQL 集群中主从配置原理和生产环境中经常用到的数据库架构，并通过具体的案例来演示搭建主从复制集群时的流程。本章中的知识点是生产环境中经常用到的，读者需要多加练习，理清 GTID 的基本含义和使用方法。

12.6　习题

1. 填空题

（1）在搭建主从复制集群时，出于安全考虑，应该创建专门用于复制的_____。

（2）MySQL 主从复制集群中，Master 需要开启_____日志。

（3）判断主从复制是否正常主要是看_____、_____线程。

（4）主从复制集群中应该避免使用同样的_____。

（5）一主一从集群中，主节点可能会因_____而导致数据同步失败。

2. 选择题

（1）搭建主从复制集群时，主节点应该开启（　　）。

A．二进制日志　　　　B．查询日志　　　　C．错误日志　　　　D．中继日志

（2）GTID 是全局（　　　）标识符。

A．日志　　　　　　　B．数据　　　　　　C．事务　　　　　　D．数据表

（3）MySQL 主从复制时，从服务器会开启 I/O 线程和（　　　）。

A．mysqld 线程　　　B．二进制日志　　　C．SQL 线程　　　　D．以上都不是

（4）I/O 线程主要用来将主服务器上的（　　　）复制到本地的中继日志中。

A．数据　　　　　　　B．日志　　　　　　C．数据表　　　　　D．数据库

（5）SQL 线程主要用来（　　　）中继日志。

A．复制　　　　　　　B．删除　　　　　　C．备份　　　　　　D．重放

3．简答题

（1）使用 GTID 配置主从复制与手动记录二进制日志位置相比有哪些优点？

（2）简述配置一主一从集群时的配置流程。

（3）当需要在集群中加入其他从服务器时需要注意哪些问题？

13 第 13 章 MySQL 读写分离

本章学习目标

- 掌握数据库代理的基本原理
- 熟悉企业中常用的数据库中间件
- 掌握 Mycat 实现读写分离的配置流程
- 掌握读写分离配置中使用到的关键参数

数据库的主从复制可以实现系统的高可用，但在并发请求较多的情况下，主服务器可能会承担更多的读写压力，为了减少主服务器的压力和避免数据库处理较多请求导致死机，企业可以使用数据库代理服务器将前端的请求进行合理的分发，将读取操作分发到其他主服务器或者从服务器上，从而提高数据库的处理能力和运行效率。

13.1 数据库代理

在单一的主从数据库架构中，前端应用通过数据库的 IP 地址或者指定端口向后端请求相应的数据。当面对较多的数据库服务器时，Web 请求需要在这些服务器之间进行判断，以便找到哪一台服务上保存着自己想要的数据。面对数据请求高峰，这种判断不仅会带来大量的请求等待，而且有可能会造成整个系统的瘫痪。本章将通过具体的案例来讲解数据库集群中如何实现高可用以及数据的读写分离策略。

13.1.1 基本原理

现实生活中，许多企业会通过在不同的地域招募代理商来提高品牌的宣传速度和市场占有率。随着互联网的不断发展，人们也会通过淘宝、京东这种"代理"平台来满足自己的消费需求。在互联网领域，系统管理员在面对数据库的多主集群时，也会使用代理服务器来实现数据的分发和资源的合理应用。代理服务器是网络信息的中转站，是信息"交流"的使者。常见的数据库代理架构如图 13.1 所示。

代理服务器提供统一的入口供用户访问，当用户访问代理服务器时，代理服务器会将用户请求平均地分发到后端的服务器集群，并且其本身并不会做任何数据处理。这样一来，代理服务器不仅起到负载均衡的作用，还提供了独立的端口和 IP 地址。后端的服务器处理完请求后也会通过代理服务器将结果返回给用户。数据库代理网络拓扑如图 13.2 所示。

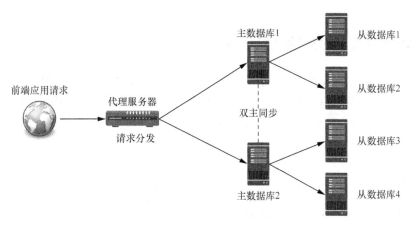

图 13.1　数据库代理架构

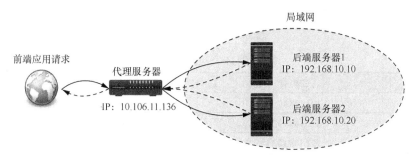

图 13.2　数据库代理网络拓扑

前端应用请求只需指定代理服务器的 IP 地址和端口即可访问后端数据文件，这种形式不仅提高了系统的数据处理能力，而且保证了后端数据库的安全性，使系统更加健壮。

数据库代理（DB Proxy）又被称为数据库中间件，当面对大量的应用请求时，代理可以通过对数据进行分片以及自身的自动路由与聚合机制实现对不同请求的分发，以此来实现数据库的读写分离功能。

13.1.2　常见的数据库中间件

随着市场的发展和技术的更新，产生了许多不同的数据库中间件，国内企业中目前使用较多的数据库中间件有以下几种。

（1）MySQL Proxy：MySQL 官方提供的数据库中间件。

（2）Atlas：奇虎 360 团队在 MySQL Proxy 的基础上进行的二次开发。

（3）DBProxy：美团点评在 Atlas 的基础上进行的二次开发。

（4）Amoeba：早期阿里巴巴使用的数据库中间件。

（5）Cobar：由阿里巴巴团队进行维护和开发。

（6）Mycat：由阿里巴巴团队进行维护和开发。

各个数据库中间件的应用场景和使用方式不同，本书将对实际应用中涉及较多的 Mycat 数据库中间件进行介绍和说明。其他数据库中间件的使用方式读者可以自行查阅。

13.2　Mycat 实现读写分离

Mycat 是一款开源的数据库代理软件，由阿里巴巴公司在 Cobar 的基础上改良而成，其不仅支持市场上主流的数据库（MySQL、Oracle、mongoDB 等），而且支持数据库中的事务操作。本节将通过具体的案例演示 Mycat 数据库中间件的配置流程和使用方法。

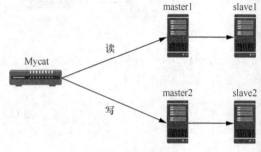

图 13.3　读写分离集群架构

13.2.1　基本环境

本例中将通过搭建 Mycat 代理，实现 MySQL 双主双从集群的读写分离。具体的集群架构如图 13.3 所示。

读写分离集群中，各服务器的详细参数如表 13.1 所示。

表 13.1　　　　　　　　　　　　　　　　读写分离配置表

主机名称	主机 IP	系统	硬件配置
Mycat	192.168.10.50	CentOS 7	2Core，2RAM
master1	192.168.10.10	CentOS 7	2Core，2RAM
slave1	192.168.10.11	CentOS 7	2Core，2RAM
master2	192.168.10.20	CentOS 7	2Core，2RAM
slave2	192.168.10.21	CentOS 7	2Core，2RAM

需要注意，在进行相关操作前，各服务器之间应进行相应的域名解析。另外，为了避免实验过程中产生不必要的错误，建议关闭防火墙和 SELinux。

13.2.2　配置流程

在本次主从复制集群中，将使用 5 台 CentOS 系统的虚拟机进行演示，具体的配置流程如下。

1. 配置 Java 环境

由于 Mycat 是基于 Java 语言编写的，所以在部署 Mycat 之前需要搭建 Java 环境。在 Mycat 主机上安装 Java 环境的流程如下。

通过浏览器访问 Java 网站并下载相应的 JDK，具体的页面如图 13.4 所示。

Java SE Development Kit 8u111

You must accept the Oracle Binary Code License Agreement for Java SE to download this software.
Thank you for accepting the Oracle Binary Code License Agreement for Java SE; you may now download this software.

Product / File Description	File Size	Download
Linux ARM 32 Hard Float ABI	77.78 MB	jdk-8u111-linux-arm32-vfp-hflt.tar.gz
Linux ARM 64 Hard Float ABI	74.73 MB	jdk-8u111-linux-arm64-vfp-hflt.tar.gz
Linux x86	160.35 MB	jdk-8u111-linux-i586.rpm
Linux x86	175.04 MB	jdk-8u111-linux-i586.tar.gz
Linux x64	158.35 MB	jdk-8u111-linux-x64.rpm
Linux x64	173.04 MB	jdk-8u111-linux-x64.tar.gz
Mac OS X	227.39 MB	jdk-8u111-macosx-x64.dmg
Solaris SPARC 64-bit	131.92 MB	jdk-8u111-solaris-sparcv9.tar.Z
Solaris SPARC 64-bit	93.02 MB	jdk-8u111-solaris-sparcv9.tar.gz
Solaris x64	140.38 MB	jdk-8u111-solaris-x64.tar.Z
Solaris x64	96.82 MB	jdk-8u111-solaris-x64.tar.gz
Windows x86	189.22 MB	jdk-8u111-windows-i586.exe
Windows x64	194.64 MB	jdk-8u111-windows-x64.exe

图 13.4　JDK 下载页面

在 Mycat 服务器中使用 wget 工具下载相应的 JDK 压缩包并解压，具体操作如下。

```
[root@mycat ~]# tar xf jdk-8u151-linux-x64.tar.gz -C /usr/local/
[root@mycat ~]# ln -s /usr/local/jdk1.8.0_151/ /usr/local/java
```

解压完成后需要在全局配置文件内追加设置 Java 环境变量。

```
[root@mycat ~]# vim /etc/profile
JAVA_HOME=/usr/local/java
PATH=$JAVA_HOME/bin:$PATH
export JAVA_HOME PATH
[root@mycat ~]# source /etc/profile
```

使用相关命令验证 Java 环境是否安装成功，如下所示。

```
[root@mycat ~]# env |grep JAVA
JAVA_HOME=/usr/local/java
[root@mycat ~]# java -version
java version "1.8.0_151"
Java(TM) SE Runtime Environment (build 1.8.0_151-b12)
Java HotSpot(TM) 64-Bit Server VM (build 25.151-b12, mixed mode)
```

使用 java -version 命令可以查询到 Java 的版本信息即证明 Java 环境安装成功。

2. 配置 Mycat

Java 环境搭建完成后，即可部署 Mycat 服务。首先下载 Mycat 压缩包，具体的页面如图 13.5 所示。

图 13.5　Mycat 下载页面

单击图 13.5 中的"Mycat-server-1.6.7.4-release 版本发布"，进入版本选择页面，复制合适版本的下载链接，如图 13.6 所示。

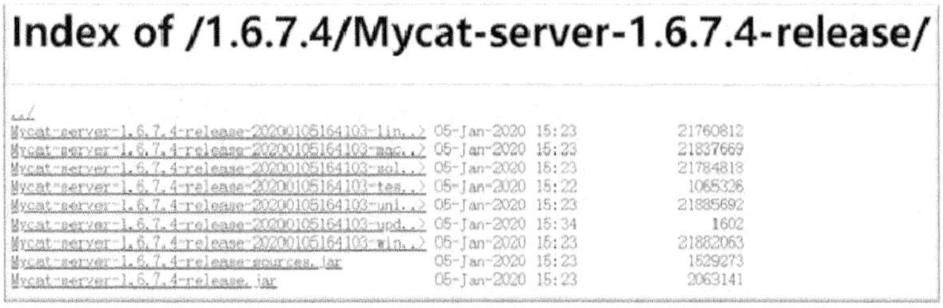

图 13.6　版本选择页面

在 Mycat 服务器中使用 wget 工具进行下载，下载完成后将压缩包解压至指定路径即可，具体的操作代码如下所示。

```
[root@mycat ~]# wget
http://dl.mycat.org.cn/1.6.7.4/Mycat-server-1.6.7.4-release/Mycat-server-1.6.7.4
-release-20200105164103-linux.tar.gz
[root@mycat ~]# tar -xf
Mycat-server-1.6.7.4-release-20200105164103-linux.tar.gz -C /usr/local/
[root@mycat ~]# ls /usr/local/mycat/
bin catlet conf lib logs version.txt
```

Mycat 是代理服务器，上端的用户请求通过 server.xml 配置文件中设定的参数访问 Mycat。由于 Mycat 本身并不具有存储引擎，所以还需要通过 schema.xml 文件中的参数连接下端的数据库服务器，以此来保存相关数据。Mycat 配置图如图 13.7 所示。

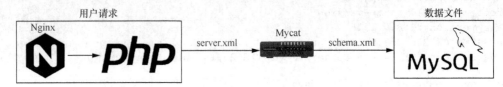

图 13.7　Mycat 配置图

在 server.xml 配置文件中可以看到上端用户访问 Mycat 所需要的账户和密码，原始配置文件如下所示。

```
[root@mycat ~]# vim  /usr/local/mycat/conf/server.xml
<!-- ROOT 用户密码设置项 -->
        <user name="root" defaultAccount="true">
                <property name="password">123456</property>
                <property name="schemas">scott</property>

                <!-- 表级 DML 权限设置 -->
                <!--
                <privileges check="false">
                        <schema name="TESTDB" dml="0110" >
                                <table name="tb01" dml="0000"></table>
                                <table name="tb02" dml="1111"></table>
                        </schema>
                </privileges>
                 -->
        </user>

<!-- 其他用户密码设置项 -->

        <user name="user">
                <property name="password">user</property>
                <property name="schemas">scott</property>
                <property name="readOnly">true</property>
        </user>

</mycat:server>
```

上方代码中，user name="root"项表示上端连接 Mycat 数据库的账户；property name="password"

项表示连接 Mycat 的密码；property name="schemas"项表示下端数据库的统称。在默认情况下，上端通过 root 用户连接 Mycat，因此可以将配置文件中的"其他用户密码设置项"使用"<!--　-->"注释掉。修改后的代码如图 13.8 所示。

另外，也可以在"ROOT 用户密码设置项"中修改使用 root 用户访问 Mycat 的密码和下端数据库的统称。例如，将密码设置为"123456"，下端数据库的统称设置为"qianfeng"，修改后的代码如图 13.9 所示。

```
<!-- 其他用户密码设置项 -->
<!--
        <user name="user">
                <property name="password">user</property>
                <property name="schemas">scott</property>
                <property name="readOnly">true</property>
        </user>
-->
</mycat:server>
```

```
<!-- ROOT密码设置项 -->
<user name="root" defaultAccount="true">
        <property name="password">123456</property>
        <property name="schemas">qianfeng</property>
        <property name="defaultSchema">qianfeng</property>
```

图 13.8　server.xml 文件修改 1　　　　　　　　　图 13.9　server.xml 文件修改 2

server.xml 文件修改完成后，保存、退出即可。接下来，还需要设置 Mycat 下端连接 MySQL 的配置，即修改 schema.xml 文件。

```
[root@mycat ~]# vim  /usr/local/mycat/conf/schema.xml
```

原始配置文件删除注释后主要可以分为 3 个部分，如图 13.10 所示。

```
<?xml version="1.0"?>
<!DOCTYPE mycat:schema SYSTEM "schema.dtd">
<mycat:schema xmlns:mycat="http://io.mycat/">

        <schema name="TESTDB" checkSQLschema="true" sqlMaxLimit="100">
                <table name="travelrecord" dataNode="dn1,dn2,dn3" rule="auto-sharding-long" />
        </schema>
        <dataNode name="dn1" dataHost="localhost1" database="db1" />
        <dataNode name="dn2" dataHost="localhost1" database="db2" />
        <dataNode name="dn3" dataHost="localhost1" database="db3" />
        <dataHost name="localhost1" maxCon="1000" minCon="10" balance="0"
                        writeType="0" dbType="mysql" dbDriver="native" switchType="1"  slaveThres
hold="100">
                <heartbeat>select user()</heartbeat>
                <writeHost host="hostM1" url="localhost:3306" user="root"
                                password="123456">
                </writeHost>
        </dataHost>
</mycat:schema>
```

图 13.10　schema.xml 原始配置文件

配置文件中，第一部分为虚拟架构配置项。其中各参数的含义如下。

schema name：虚拟数据库名。

checkSQLschema：是否检查 SQL 框架。

sqlMaxLimit：最大连接数。

dataNode：数据节点名称。

第二部分为数据节点配置项，其中各参数的含义如下。

dataHost：虚拟资源池名称。

database：虚拟数据库名称。

第三部分为数据主机（虚拟资源池）配置项，其中各参数的含义如下。

maxCon：最大连接数。

minCon：最小连接数。

balance：负载均衡的方式（默认为轮询方式，即 0）。

writeType：写入类型。

switchType：切换类型（1 为自动切换，2 为判断主从状态后再切换）。

heartbeat：心跳监控。

writeHost：写主机名称。

readHost：读主机名称。

为了方便读者理解，下面将对 balance 参数、writeType 参数和 switchType 参数的取值进行详细的说明，如表 13.2 所示。

表 13.2 虚拟资源池配置参数说明

配置参数	取值	说明
balance	0	关闭读写分离功能，所有读操作都发送到当前可用的 writeHost 上
	1	全部的 readHost 与 stand by writeHost 备用写主机参与 SELECT 语句的负载均衡，简单地说，当双主双从模式（并且 master1 与 master2 互为主备），正常情况下 master2、slave1、slave2 都参与 SELECT 语句的负载均衡
	2	开启读写分离，所有读操作都随机发送到 readHost
	3	所有读请求随机分发到 writerHost 对应的 readhost 执行，writerHost 不负担读压力。需要注意，balance=3 只在 Mycat 1.4 及其后版本中可以使用
writeType	0	所有写操作发送到配置的第一个 writeHost，在第一个服务器死机后切换到另外一个正常运行的 writeHost 上。第一个服务器重新启动后，如果第二个服务器不死机将不会再次切换，切换记录在 dnindex.properties 配置文件中
	1	所有写操作都随机发送到配置的 writeHost
switchType	−1	不自动切换，当主服务器挂掉时，从服务器并不会被提升为主服务器，仍然只提供读的功能。这样可以避免将数据写进从服务器
	1	为默认值，表示自动切换
	2	基于 MySQL 主从同步的状态决定是否切换，心跳语句为 show slave status
	3	基于 MySQL Galera Cluster 的切换机制进行切换，心跳语句为 show status like 'wsrep%'

总的来说，在 schema.xml 配置文件中的虚拟架构配置项中需要通过 dataNode 参数指定数据节点配置项，而在数据节点配置项中还需要通过 dataHost 参数指定虚拟资源池配置项。另外，在虚拟主机配置项中也需要分别定义真正后端数据库的端口号和 IP 地址以及连接数据库的用户名和密码。schema.xml 中的配置分支如图 13.11 所示。

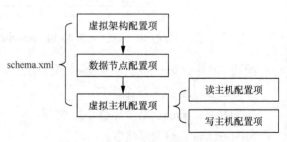

图 13.11　schema.xml 中的配置分支

将 schema.xml 配置文件根据本例的中提供的参数进行相应的修改，修改后的配置文件如下所示。

```
[root@mycat ~]# cat /usr/local/mycat/conf/schema.xml
<?xml version="1.0"?>
<!DOCTYPE mycat:schema SYSTEM "schema.dtd">
<mycat:schema xmlns:mycat="http://io.mycat/">

        <schema name="qianfeng" checkSQLschema="true" sqlMaxLimit="100"
```

```
dataNode="dn1" >
        </schema>

        <dataNode name="dn1" dataHost="localhost1" database="qianfeng" />

        <dataHost name="localhost1" maxCon="1000" minCon="10" balance="0"
                        writeType="0" dbType="mysql" dbDriver="native"
switchType="1"   slaveThreshold="100">
                <heartbeat>select user()</heartbeat>

                <writeHost host="master1" url="master1:3306" user="mycatproxy"
password="QianFeng@123">
                        <readHost host="slave1" url="slave1:3306" user="mycatproxy"
password="QianFeng@123" />
                        <readHost host="slave2" url="slave2:3306" user="mycatproxy"
password="QianFeng@123" />
                </writeHost>
                <writeHost host="master2" url="master2:3306" user="mycatproxy"
password="QianFeng@123">
                        <readHost host="slave1" url="slave1:3306" user="mycatproxy"
password="QianFeng@123" />
                        <readHost host="slave2" url="slave2:3306" user="mycatproxy"
password="QianFeng@123" />
                </writeHost>
        </dataHost>

</mycat:schema>
```

需要注意，上方代码中定义的虚拟数据库名称为 qianfeng，连接下端数据库的用户名为 mycatproxy，登录密码为 QianFeng@123。

3. 配置 MySQL 集群

Mycat 代理配置完成后，需要在后端的 MySQL 集群上设置 mycatproxy 的访问权限。例如，在 master1 服务器上设置用户权限的 SQL 语句如下。

```
mysql> grant all on *.* to 'mycatproxy'@'192.168.10.50' identified by 'QianFeng@123';
Query OK, 0 rows affected, 1 warning (0.00 sec)
```

需要注意，192.168.10.50 为 Mycat 服务器的 IP 地址。

4. 启动 Mycat

在 MySQL 服务器上将权限开启完成后，即可在 Mycat 服务器上启动代理服务，执行代码如下。

```
[root@mycat ~]# /usr/local/mycat/bin/mycat start
Starting Mycat-server...
```

当执行结果出现 "Starting Mycat-server" 时，则表示代理服务正在启动。另外，也可以查看通过查看相应的端口来检查服务器是否正常运行，代码如下：

```
[root@mycat ~]# netstat -anpt | grep 8066
tcp6      0      0 :::8066            :::*                    LISTEN      3487/java
```

从上方代码的执行结果可以看出，Mycat 服务默认的 8066 端口已经启用，服务正常启动。

5. 配置 Mycat 后端数据库

Mycat 代理服务器启动起来后并不能直接使用，因为 Mycat 本身并不提供数据存储功能，所以还需要将 Mycat 中虚拟的数据库框架与后端真实的数据库进行绑定。为了方便读者理解，这里将在 Mycat 主机上安装 MariaDB 服务，具体的操作代码如下。

```
[root@mycat ~]# yum -y install -y mariadb
[root@mycat ~]# systemctl start mariadb
[root@mycat ~]# mysql -uroot -p123456 -P8066
Welcome to the MariaDB monitor.  Commands end with ; or \g.
Your MySQL connection id is 1
Server version: 5.6.29-mycat-1.6.7.4-release-20200105164103 MyCat Server
(OpenCloudDB)
Copyright (c) 2000, 2018, Oracle, MariaDB Corporation Ab and others.
Type 'help;' or '\h' for help. Type '\c' to clear the current input statement.
MySQL [(none)]> show databases;
+----------+
| DATABASE |
+----------+
| qianfeng |
+----------+
1 row in set (0.00 sec)
```

从上方可以看出，Mycat 部署成功后已经创建了虚拟数据库 qianfeng，但此时的数据库中还不能插入数据，需要绑定后端数据库才可以使用。登录 master1 数据库并创建与 Mycat 同名的数据库，具体操作如下。

```
[root@master1 ~]# mysql -uroot -p123
mysql> create database qianfeng;
Query OK, 1 row affected (0.00 sec)
mysql> create table qianfeng.t1(id int);
Query OK, 0 rows affected (0.02 sec)
```

数据库创建完成后，在 Mycat 服务器上即可查看 qianfeng 数据库中的内容。

```
MySQL [(none)]> use qianfeng;
Reading table information for completion of table and column names
You can turn off this feature to get a quicker startup with -A

Database changed
MySQL [qianfeng]> show tables;
+--------------------+
| Tables_in_qianfeng |
+--------------------+
| t1                 |
+--------------------+
1 row in set (0.01 sec)
```

尝试在 t1 表中插入数据，查看 Mycat 数据库是否可用。

```
MySQL [qianfeng]> insert into tianyun.t1 values(3);
MySQL [qianfeng]> select * from t1;
+------+
| id   |
+------+
|    3 |
+------+
1 row in set (0.04 sec)
```

从代码的执行结果可以看出，数据插入成功。接下来，返回 master1 服务器查看数据库是否存在。

```
mysql> select * from qianfeng.t1;
+------+
| id   |
+------+
|    3 |
+------+
1 row in set (0.00 sec)
```

通过 master1 服务器可以查询到 t1 表中的内容，因此可以证明 Mycat 虚拟数据库与后端的真实数据库绑定成功。

13.3　本章小结

本章主要讲解了实现数据库读写分离的原理，并通过具体的案例演示了使用 Mycat 数据库中间件进行数据的读写分离操作的流程。对于本章的知识点，建议读者通过实际的操作进行巩固。

13.4　习题

1. 填空题

（1）常见的数据库中间件有_____、_____、_____、_____。

（2）数据库代理又被称为_____。

（3）Mycat 连接下端数据库所需要修改的配置文件是_____。

（4）数据库代理为数据库群组提供统一的_____和_____。

（5）数据库的主从复制可以实现高可用，而读写分离可以实现_____。

2. 选择题

（1）数据库代理主要用于（　　）。

A．分发请求　　　　B．存储数据　　　　C．主从复制　　　　D．以上都不是

（2）当面对大量的应用请求时，代理可以通过对数据进行（　　）以及自身的自动路由与聚合机制实现对不同请求的分发。

A．压缩　　　　B．分片　　　　C．上传　　　　D．筛选

（3）在集群中加入数据库代理服务器后，前端应用请求只需指定代理服务器的（　　）即可访问后端数据文件。

A．IP 地址和端口　　　　　　　　B．IP 地址和主机名

C．端口和用户名　　　　　　　　D．仅端口

（4）Mycat 中主要用于对接上端用户的配置文件是（　　）。

A．mycat.conf　　　B．my.cnf　　　C．server.xml　　　D．schema.xml

（5）Mycat 本身（　　）进行数据存储。

A．可以大量　　　B．可以少量　　　C．不可以　　　D．以上都不是

3. 简答题

（1）使用 Mycat 搭建读写分离时应该注意哪些问题？

（2）如何对数据进行分片？

（3）简述 Mycat 实现读写分离的配置流程。